多中心治理视角下的中国农村面源污染治理

尚 杰 杨立斌 朱美荣 著

科 学 出 版 社

北 京

内 容 简 介

运用多中心理论、可持续发展理论、生态补偿理论、农业循环经济理论和博弈论等理论，系统分析了农村面源污染治理现状、问题及治理的制约因素，指明多中心治理是农村面源污染防治的关键，建立了多中心农村面源污染治理的管理机制、补偿机制和投入机制，提出农村面源污染的治理路径，从而形成治理农村面源污染的多中心管理创新体系，为中国农村面源污染的多中心治理提供了科学依据。

本书可供高等院校、科研机构及从事农业面源污染治理工作的政府、企业相关人员参阅。

图书在版编目(CIP)数据

多中心治理视角下的中国农村面源污染治理／尚杰，杨立斌，朱美荣著.
—北京：科学出版社，2016

　ISBN 978-7-03-048710-0

　Ⅰ.①多⋯　Ⅱ.①尚⋯②杨⋯③朱⋯　Ⅲ.①农业环境–环境污染–污染
防治–中国　Ⅳ.①X322.2

　中国版本图书馆 CIP 数据核字（2016）第 129267 号

责任编辑：李晓娟　李　慧／责任校对：邹慧卿
责任印制：张　伟／封面设计：铭轩堂

科 学 出 版 社 出版
北京东黄城根北街 16 号
邮政编码：100717
http://www.sciencep.com

北京摩诚则铭印刷科技有限公司 印刷
科学出版社发行　各地新华书店经销

*

2016 年 6 月第　一　版　开本：720×1000　B5
2017 年 1 月第二次印刷　印张：10
字数：200 000

定价：80.00 元
（如有印装质量问题，我社负责调换）

前　言

随着全球人口的激增以及工业现代化和农村现代化步伐的加快，能源紧张和环境恶化这两大突出问题成为世界各国尤其是发展中国家面临的首要问题。而农村面源污染不仅关系到能源消耗问题，又与农村生态环境紧密相关。农村面源污染的治理也与农村生态安全、农业可持续发展以及农民身心健康等息息相关。中国政府从建设社会主义新农村，到建设资源节约型和环境友好型社会，再到建设生态文明，为保护农村生态资源和治理农村环境污染出台了许多重要举措，作出了一系列战略部署，取得了显著成效。

"多元共治"是农村面源污染多中心治理的核心理念。政府、市场、农户和公众是农村面源污染治理的主导者和重要参与者，分别发挥着重要的作用，此外非营利组织、大众传媒等舆论监督机构同样在农村面源污染治理中发挥着不可忽视的作用。本书通过对农村面源污染问题的系统研究，深刻认识中国农村面源污染的现状及问题，借鉴国外治理农村面源污染的经验，重点探讨了治理农村面源污染与农村生态环境保护的关系，确立了农村面源污染多中心治理主体、治理目标和治理原则。通过对主要多中心主体在治理农村面源污染中的博弈分析，建立多中心农村面源污染治理的管理机制、补偿机制、投入机制等制度，提出系统的治理途径，从而形成治理农村面源污染的多中心管理创新体系，并提出农村面源污染的相关治理政策，使农村面源污染治理既做到扬汤止沸，又做到釜底抽薪，最终实现经济效益、生态效益和社会效益的共赢。

本书主要内容为以下课题的研究成果之一，包括：国家自然科学基金面上项目：种植大户化肥施用行为与农业面源污染控制：影响机理及政策模拟研究（G031202）；国家自然科学基金面上项目：基于要素禀赋与政府规制的区域环保产业竞争力研究（70973016/G312）；教育部博士点基金：基于 TRIZ 理论的中国农村生物质能产业链整合模式及支撑体系研究（20120062110015）。在本书的写作过程中，还参考了大量国内外专家同行的相关研究成果，从中得到了许多启示和帮助，在此也向这些成果的完成者们表示衷心的感谢。中国农村面源污染多中心治理问题所涉及的知识丰富而复杂，限于我们的学识和经验，本书难免会存在诸多缺陷和问题，恳请专家学者和广大读者批评指正，共同促进这一领域的深入研究。

尚　杰

2016 年 3 月于哈尔滨

目 录

第1章 导　　论

1.1　农村面源污染多中心治理问题的提出

近年来，农村面源污染（NPS）逐步成为农村环境保护的症结之一。中国现代农业是高投入、高产出的开放式发展方式，主要依靠现代科学技术，目标是实现土地生产率和劳动生产率的提高。在取得高速发展的同时，这种开放式的农业发展方式对生态环境的危害不容忽视。2000～2013年中国农村化肥施用量呈持续递增趋势（图1-1），2013年粮食产量达60 194万t，同年化肥的使用量达5911.86万t。逐年增加的化肥施用量在中国粮食产量增长中发挥了重要的作用，相关研究结果表明，目前中国化肥投入对粮食产量增加的贡献率已经达到了57%[1]。但由于农业生产的化肥用量加大，极易导致化学污染发生，在传递效应的作用下，首先侵蚀农田土壤，而后污染水体，进而影响农产品品质，最终传递给人类。以淮河流域面源污染为例，淮河流域作为中国主要的粮食产区之一，其耕地面积达1333km²，随着农业生产中农药、化肥施用量的不断增加，氨氮逐步成为该流域的主要污染因子。在灌溉和降水径流的冲刷下，残留的农药、化肥、农村生活垃圾和生活污水进入地表水和地下水中，使地下水硝酸盐浓度增加，地表水富营养化，直接影响淮河流域的生态环境和人类健康，农村面源污染是造成

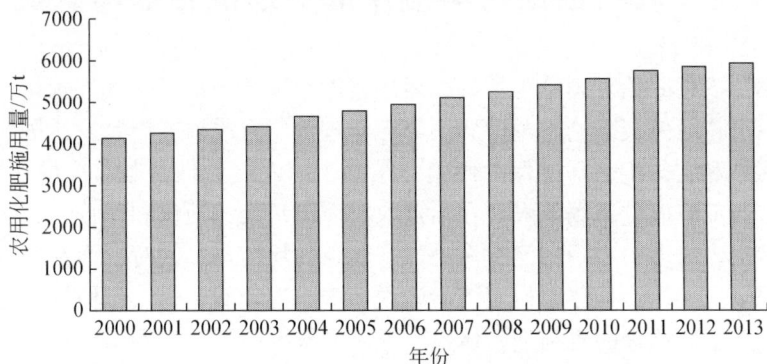

图1-1　2000～2013年中国农村化肥施用量发展趋势

淮河流域氨氮污染严重、治理难度大的重要因素。此外，太湖蓝藻暴发引发的无锡市饮用水危机、滇池反复治理而难有大成效的现状，农村面源污染都难逃其干系，所以说治理农村面源污染势在必行。

二元制下城乡治污"马太效应"突出。当前，城市的环保工作有了突飞猛进的发展，无论是城市的规划设计，还是城区改造，都彰显了环保理念。仅以2005～2010年工业污水排放达标率和废水治理设施两项指标来看，工业污水排放达标率由2005年的76%提高到2010年的95.3%（2011年以后数据缺失）；工业废水污染治理投资从2005年的133.7亿元提高到2012年140.3亿元（2012年以后数据缺失）。而2012年中国农村地区有164 345万户，64 222万人。可是在中国农村不仅没有农村环境保护的专项经费，也没有农村环保机构和专职人员。

"十三五"规划中，国家对农村环境保护的目标是，坚持城乡环境治理并重，加大农业面源污染防治力度，统筹农村饮水安全、改水改厕、垃圾处理，推进种养业废弃物资源化利用、无害化处置。2015年在第十二届全国人民代表大会第三次会议上，李克强总理指出，"2015年要再解决6000万农村人口饮水安全问题，以垃圾、污水为重点加强环境治理，建设美丽宜居乡村"[2]。2015年4月10日，农业部发布了《关于打好农业面源污染防治攻坚战的实施意见》，提出到2020年要实现农业面源污染的有效控制，并实现"一控、两减、三基本"的目标，即严格控制农业用水总量，减少化肥农药的使用量，实现畜禽粪便、农作物秸秆、农膜的基本资源化利用[3]。由此可见，治理农村面源污染、保护农村生态环境，既是建设社会主义新农村的出发点和落脚点，也是解决"三农问题"的关键所在，更是直接影响实现小康社会和构建社会主义和谐社会的内在需要。

1.2 农村面源污染多中心治理的目的与意义

本书以多中心治理理论为基础，运用制度经济学理论、外部性理论、生态补偿理论、可持续发展理论以及博弈论等已有理论研究成果，借鉴发达国家治理农村面源污染和农村生态环境保护经验，结合中国农村治理面源污染的实际情况，通过深入研究政府、市场及农户在治理农村面源污染的地位和作用，经过多重博弈后，找出农村多中心治理面源污染的平衡点和均衡点。同时，为治理农村面源污染实现多元共治，构建农村面源污染的多中心治理的主体。积极探寻中国农村面源污染多中心治理的机制创新体系，最后，根据中国的实际国情提出符合中国农村面源污染多中心治理的途径与对策，积极保护农村生态环境，从根本上体现出转变经济发展方式的发展理念，实现人与自然和谐发展。

　　本书针对当前农村面源污染不断加剧和农村生态环境不断恶化状况，试图运用多中心治理方式，解决农村环境污染问题，具有重要的理论意义。农村生态环境问题作为经济问题和生态环境问题的有机体，其产生既有经济规律和生态环境内在规律的发展要求，又有实现人类可持续发展的客观要求。本书从管理学和经济学角度研究农村面源污染治理问题，有利于解决当前实质问题，并建立一套与之相适应的治理体系和管理机制，同时，有利于农村社会经济的可持续发展，最终拓展农村生态恢复和环境保护问题研究的视野。

　　在实践应用方面，首先，推进城乡一体化需要治理农村面源污染。在中国，城市的生态环境保护备受关注，但是农村的生态环境保护还没有引起政府、社会足够的重视，"二元制"环保现象依然存在。城乡一体化，应是生存环境的一体化，生态环境的一体化，而农村生态环境若得不到及时有效地治理，将进一步恶化并直接影响城乡一体化的发展进程。解决这个问题，必须坚持城乡环境保护统筹考虑，协同推进，把农村环境保护摆上与城市环境保护同等重要的地位，促进城乡环境质量全面改善。农村面源污染的治理、农村生态环境的保护与恢复问题不仅关系到农村经济的健康快速发展、农业现代化的实现，也关系到国家和社会的繁荣与稳定。其次，解决"三农"问题需要治理农村面源污染。农村生态环境保护是农业可持续发展的基石，是农村城镇化的依托，更是农民身心健康奔小康的根本保障。所以说，解决"三农"问题政府必须加强对农村的面源污染治理工作，特别是针对农村生态环境保护问题产生的主要根源，构建农村多中心治理体系，探寻农村生态恢复和环境保护的系统对策。再次，建设社会主义新农村需要治理农村面源污染。当前全国广泛开展的美丽乡村建设是社会主义新农村建设的重要实践和创新。农村面源污染的多中心治理，政府应加大农村硬件设施的投入和促进农村基础设施的改善，而且也有助于提高农民的生态思想和生态伦理道德观念的形成。无论是生态环境基础好的地方，还是生态环境基础差的地方，政府、农户和市场都要高度重视生态恢复和环境保护问题，采取有效措施，保护环境，节约资源，遏制生态环境恶化和环境污染加剧，实现人与自然和谐共处，进而切实改善农村人居环境和农民的生产、生活环境。

1.3　国内外农村面源污染治理的研究进展

1.3.1　国外研究进展

　　目前，面源污染已经扩展到全球30% ～50%的区域，农业的面源污染已经导致全球1.44亿 hm^2 耕地产生不同程度地退化，有些国家的面源污染已经占到了全国污染总量的一半以上[4]。农业、农村的面源污染问题已经得到了政府、学者的高度重视，国外的学者也对这一问题相继进行了较为系统的研究[5]。

早期农村面源污染主要侧重于定性研究。在 20 世纪中叶前后，当流域点源污染得到有效的控制后，湖泊和海湾的水体富营养化程度虽有减轻，但是其水质状况依然得不到根本改善，甚至呈现出恶化趋势，于是科研人员经过大量研究并得出结论：农村面源污染是主要成因，特别是化肥和农药的过量和不合理的使用，直接影响地表径流的水质，进而破坏生态环境。从此，国外学者正式开始研究农村面源污染对江河、湖泊水体富营养化问题，对水生生物的多样性问题，对流域水质的影响问题，进行定性分析，并初步了解并掌握了农村面源污染的时空特征和迁移路径[6]。按污染治理主体的不同，将其分为以下三类。

（1）以农户为主体的农村面源污染治理

在农村农业生产活动中，农户种植选择的不同、经营投入的多少和资源利用的高低、都会对生态环境产生直接或间接的影响。尤其是农户在农业生产过程中所投入的化肥、农药、杀虫剂等多种化学要素，必然排放影响生态，环境的农业污染物，国外学者 Carson 就对杀虫剂所带来的环境问题进行了深入的探讨[6]。Griffin 和 Bromley 以农户的投入及农业污染排放量为依据，对农户征收排污税[7]。他们认为通过对农户设定合理的参数的方式，农村面源污染控制政策都能够以最低成本实现污染控制目标。在此基础上，Shortle 和 Dunn 提出了农村面源污染控制政策相对效率理论，认为农村面源污染具有较强的随机性，加之政府监管与农户之间的信息具有不对称性，如不考虑农村面源污染控制政策的交易成本，该政策具有非常明显的优势[8]。

（2）以政府为主体的农村面源污染治理

美国在 1972 年颁布《清洁水法》（Clean Water Act），是世界首个将治理农村面源污染纳入法规的国家，并制定了的"最大日负荷量计划（TMDL）"，同时该法案中国家污染物减排体系 NPDES（national pollutant discharge elimination system）被认为是目前最为成功的环境政策之一，在农业面源污染的控制方面取得了相当显著的成效[10]。欧盟各国为治理农村面源污染，制定了《欧盟硝酸盐法令》（The eu Nitrates Directive），尤其是丹麦和德国，为治理农村面源污染出台并制定了一系列治理政策[10]。1986 年丹麦推行了减少农药喷施的行动计划，要求农场主在限制条件下使用除草剂和杀虫剂；德国制定了《种子法》（Seed Law）、《施肥令》（Fertilization Act）等治理农村面源污染的政策法规[11]。同时，其他国家也采取了治理农村面源污染的措施及政策。日本制定了《新的食物、农业、农村政策方向》，推行环境保全型农业[12]；俄罗斯推行《生态鉴定制度》（Ecological Identifying System）加强对生态环境的监督和治理；以色列重点发展科技农业，不仅实现了农业高效发展，而且对治理农村面源污染提供了宝贵经验。

（3）以市场为主体的农村面源污染治理

发达国家和地区通常利用市场机制来加强环境污染治理，常用的市场机制措施包括环境税费、排污权交易、环境补贴、信贷优惠等[13]。1977 年美国通过了《清洁空气法》（*Clean Air Act*），并在 1990 年进行了修订，该法案提出了受全世界关注的著名的排污权交易制度。同时，美国为更好地加强各州对农业面源污染的治理，积极拓宽融资渠道，例如，通过实施生态税收政策，以征收税费的方式，提高污染者的环境保护意识，同时也增加了政府收入进而增加政府在农村环境治理和面源污染防治方面的投入，一般采用两种方式的税收，一种是对化肥与农药征收税赋，另一种是针对特定区域征收农业区特权税，旨在改善环境状况，提高环境质量[14]。丹麦在 1993 实施生态税收政策，是欧盟第一个利用税收工具来加强保护环境的国家。德国实施生态补偿，农户可以自愿参加，时间最少为 5 年，如在规定期限内遵守相关环境保护的法规，政府将给予补偿。

在对农村面源污染的研究中，国外学者提出了农村面源污染监测与评估的模型，进而提出了农业持续发展的评价方法。对于农业面源污染的测算与评估主要根据不同学者的研究领域、研究的目标以及研究的角度不同，按照不同的原则构建一定的指标体系，重点对农业面源污染所涉及的农业生态系统的生产条件、发展水平、经济效益、社会效益以及环境生态效益等方面进行综合评价分析。总体来说，国外学者在此方面的研究可以概括为三类，一类是运用系统理论等相关理论和方法进行指标体系的构建，代表性的观点主要有：Prescott 和 Allen 提出的"可持续性晴雨表"、联合国可持续发展委员会（UNCSD）建立的"驱动力—状态—响应"（DSR）指标体系等；第二类是从环境的货币化估值角度进行指标体系的构建，该种指标体系主要是用货币作为衡量环境指标变化损益的标识，该类指标体系如世界银行建立的"国家财富"和"真实储蓄"指标等；第三类是运用生物物理的观点进行指标体系的设计，该类指标体系以 Wacknagel 等提出的"生态足迹"（ecological footprint）的概念及其计算模型为代表。

治理农村面源污染，对农业可持续影响因素的研究，一类是基于生态学从土地和水资源、肥料或土壤肥力管理、综合养分管理、耕作制度等微观层面进行分析；另一类是从政府职能和政府政策等宏观方面来分析。Meyer-Aurich 等通过运用仿真模型对一个实验农场的模拟结果显示：通过采用减少耕作、直接播种等防止土地侵蚀的方法能够提高农户的盈利能力[15]；Tittonell 运用分类回归树（CART）分析了土壤和作物管理对肯尼亚西部玉米生产力的影响[16]；Anderson 认为农业用水的流失很大程度上是由于渗漏而不是土壤蒸发，建议加强管理，减少渗漏以提高粮食产量[17]。为了提高水资源利用率，减少灌溉成本，Moya 等的研究建议采用湿润灌和晒灌技术[18]。在施肥方面，多数研究建议化学肥料和有机肥平衡使用，进行综合养分管理，从而使粮食产量和质量能够得到最大限度的提高[19-21]。另外，Walker 等运用 WaNuLCAS 模型预测了在改进的轮作休耕制度下，生物物理因素对玉米产量的影响，在一个缺氮和水环境中，通过使用快速生长的生物固氮树作为物种休耕，则在 10 年内，玉米产量可以连续增加一倍，建议针对不同的环境情况，要选择不同的休耕战略[22]。

要提高农业生态经济生产力必须要采取新政策。Z. J. U. Malley 认为农业的可持续性在很大程度上取决于自然资源和环境资源的管理效率和利用效率，也取决于连续获得这种资源的安全性。他通过问卷调查和村级的参与评估探讨并分析了农业生产力的趋势和不安全环境的持久性，提出国家发展政策会对农业的可持续性产生影响。而管理农业自然资源需要制定一个法律框架[23]。

主要评估模型包括：STORM（storage treatment overflow run of model），CREAM（chemicals，run off and erosion from agricultural management systems），AGNPS（agricultural nonpoint pollution source），SWAT（soil and water assessment tool），BASIN（better assessment science integrating point and nonpoint sources）[24-28]。

1.3.2　国内研究进展

中国学者对农村面源污染的研究起步相对于国外学者来说相对较晚，20 世纪 80 年代，中国河流水质等级的下降以及湖泊、水库富营养化等环境问题日益严重，引起了国内学者对农村面源污染的高度重视，在各学科领域成为重要的研究热点和焦点。近年来中国学者对农村面源污染的研究发展迅速，运用不同的模型与模拟方法对面源污染问题进行了深入的研究，并着重分析了农村面源污染产生的主要原因以及减轻面源污染的主要措施[29-30]。国内学者分别从经济学和管理学等角度，为探索中国农村面源污染治理寻找新途径和新方法，实现中国农业的可持续发展。

（1）以农户为主体的农村面源污染治理

1978 年以来的农村经济体制改革，即家庭联产承包责任制，是中国农村发展史上具有非常重要意义的大事件。随后，农村经济体制也逐步实现由传统计划经济体制向市场经济体制的转轨，中国广大农村的农户在摆脱传统经济体制的束缚后，重新获得个人财产权和经营自主权，农户作为中国农村经济社会的基本主体，发挥着至关重要的作用，同时由于农户经济行为的选择不同对农村的生态环境产生不同的作用。

江永红和马中认为以往有关研究农户经济行为的各种理论，基本上都忽视了生态环境因素，而实际上两者息息相关、紧密联系[31]。汪厚安等通过研究得出化肥污染和秸秆污染与农户文化素质呈正相关，而农用薄膜污染与农户就业比例、耕地面积以及参加农户专业培训呈负相关的结论[32]。周早弘基于农户经营行为对农村面源污染的影响进行了研究，户主的年龄、文化程度、收入情况、对环境的关注程度以及参与相关培训的次数等方面的特征对农村面源污染的产生有一定的影响[33]。韩红云和杨增旭运用选择模型法，分析了农户对于技术支持、价格补贴和尾水标准三项环境政策的可能反应和接受意愿，研究表明：农户对这三项政策的接受意愿存在差异，技术支持政策的农户接受意愿最大，尾水标准政策的农户接受意愿最低，以提高化肥利用率为特征的技术支持政策是解决农村面源污染问题的主要途径之一[34]。饶静等通过对农业面源污染内涵的界定，详细分析了中国当前农业面源污染的现状及问题，并系统阐释了农业面源污染的发生机制，对当前农村面源污染的技术环境和制度环境进行了解读，认为"追求增长"的发展观、城乡二元经济社会结构、农村面源污染自身的负外部性、较高的面源污染治理成本以及农户生产行为的多元化等方面原因导致了农村面源污染的产生[35]。侯俊东等探究了农户经营行为对农村生态环境的影响，他们认为农户文化程度及其对环境的关注程度对农村的生态环境有着显著的影响，当前政府应加强对农户的生态环境教育培训，重点提升农户的生态意识和环保意识[36]。李传桐和张广现通过对山东省昌乐县的调查认为，农户在化肥和农药方面的支出与其经营收入正相关，与经营土地面积、常住人口数量和受教育程度负相关，因此应积极鼓励农户加强自身教育层次的提高和土地经营规模的扩大，从而在一定程度上降低农业的面源污染[37]。丁银河对丹江口库区农村面源污染农户参与治理问题进行了研究，认为农村的面源污染已经成为丹江口库区的主要污染源，农户的环保意识薄弱、参与意愿不强，应积极建立完善的面源污染农户参与机制，加强对农户的培训，提高农户的参与治理能力[38]。陈丽华通过对广东省部分农村的调查，认为当前农村的生态环境污染日益严重，农民的生态环境意识逐步被激发，农村生态环境污染促成了农民环境权意识的提高[39]。华春林等通过对陕西331户农户的调查，对引导农户行为在农业面源污染治理中的影响进行了研究，研究表明，正确引导农户化肥施用行为会减少化肥的投入，并最终会影响中国农业面源污染的治理效果[40]。梁增芳等以三峡库区南沱镇632份有效问卷为基础，分析了农户农业面源污染认知与调控意愿的关系，认为农户在对农业面源污染、过度施肥等情况下，参与农业面源污染调控措施的意愿非常强烈[41]。

（2）以政府为主体的农村面源污染治理

虽然中国各级政府每年在加大对农村面源污染的投入，但是从根本上来说农村面源污染治理中仍然存在监管缺位和制度空缺现象，使得农村面源污染在得到不断治理的同时也不断出现新的问题，导致农村面源污染治理过程缓慢，难有显著成效。目前国内学者对农村面源污染的治理主要集中于对区域农村面源污染的治理，对政府联合治理农村面源污染的研究主要集中在流域治理方面。李金龙和游高端通过研究认为政府在地方农村环境治理和保护中发挥了巨大的作用，但是当前地方政府环境治理效果不明显，治理能力的提升具有很强的路径依赖性，因此加强制度创新，破除路径依赖就成为地方政府加强农村环境整治的重要途径[42]。陈红运用完全静态博弈模型对政府在农村面源污染中的作用进行了分析，认为多个地方政府联合治理污染的投入之和要低于各地方政府分别治理污染的投入总和，并对地方政府联合治理农村面源污染的动力机制、实施流程、保障措施进行了详细阐述[43]。饶静和纪晓婷则认为，农业面源污染不能完全归咎于"高产、高效"的农业技术发展，而是由于施用现代农业技术的过程中，政府的农业公共服务供给出现了问题，导致可以"高产、高效、低投入"的农业变成"高产、低效、高投入"农业。农民养成"高度依赖化肥和农药"的农业生产习惯，政府缺少正向的经济激励，农民采取环境友好型农业技术积极性受挫。农业面源污染调控的最终目的是引导微观层面的农户自觉调整自身的生产行为。这就需要政府认识到目前农业面源污染治理的困境，加大政府公共农业技术支持，采取长期的、有效的正向经济激励措施，使农民积极地采用环境友好型农业技术[44]。魏欣对中国农村面源污染管控进行了研究，认为目前农村面源污染管控中存在着政府失灵现象，这种现象主要表现在：追求增长的发展观，政府环境政策失灵、农户"寻租行为"的诱发以及政府重经济利益轻环境利益等方面[45]。梁增芳等对三峡库区农户对农业面源污染治理的态度与政策响应进行了研究，认为户主年龄、性别、是否党员或村干部等基本特征对农户治理环境的态度和政策响应有不同程度的影响，政府应积极加强引导和鼓励，建立健全资金技术支持和资金保障机制，并根据不同农户特征制定针对性的激励政策[46]。杨丽霞通过构建农村面源污染治理中政府监管与农户环保行为之间的博弈模型，指出促进农村环境改善可以从降低政府环境监管成本、增加地方政府的行政成本、加强对农户生产的绿色技术指导和推广、提高政府对农户环境行为的补贴力度等方面展开[47]。黄英等运用 DEA 方法对农村生态环境治理效率进行了对比分析，研究认为，中国东、中、西部地区在农村环境治理效率上存在一定程度的差异[48]。杨珂玲和张宏志从产业结构调整的视角对农业面源污染的控制政策进行了研究，认为农业面源污染应以源头污染物控制为主，通过技术进行中间减排和末端治理，并辅以国家相对完善的宏观政策进行调控[49]。向涛和綦勇以农地禀赋对化肥投入强度的影响为例分析了粮食安全与农业面源污染之间的关联关系，认为随着经济发展水平的不断提高，对农业保护政策进行适时调整能够有效地减少化肥的投入量，降低农业保护对环境的负面影响[50]。薛黎情通过对农业面源污染治理中农户与政府行为之间的博弈分析，认为应从加强农业专业合作组织培养、绿色技术援助、农业标准化建设等方面加强农业的面源污染治理[51]。

（3）以市场为主体农村面源污染治理

市场可以有效地配置资源，实现资源利用效益化。治理农村面源污染，市场依然可以发挥积极作用。李一花和李曼丽认为，治理农村面源污染必须实现法制化，合理界定中央和地方政府的治理事权范围，注重财政补贴手段，并辅之以税收手段，从源头上对农村面源污染源进行控制，进而改善整体的面源污染现状[52]。周早弘和张敏新认为农村面源污染是典型的负外部经济性过度，而正外部经济性则严重不足。由于现阶段中国已经取消了农业税，为鼓励和引导农户采用有利于环境保护的生产方式和重视开发经营有机农业和绿色产业，应大力实施补贴政策[53]。贾雪莉和李金才通过研究国内外相关文献，并对农村实际考察后，以农村面源污染控制的制度选择为切入点，整合国际国内农业面源污染控制的各类制度安排，并对其进行分析，从四个方面提出了加强农业面源污染控制的制度措施：第一，在加强宏观调控的基础上，进一步完善相关法律法规，优化农业环境管理体制；第二，建立多部门合作的农业面源污染监管体系，完善面源污染监管体制；第三，建立健全农业面源污染控制的支持保障体系，强化经济税收政策对农户农业生产行为的调节作用；第四，农业面源污染控制管理权下放，建立农业面源污染控制的全民参与机制[54]。葛继红和周曙东以江苏省 1978～2009 年数据对农业面源污染的经济影响因素进行实证分析，研究结果表明：农业经济规模扩大、农业结构中养殖业比重上升和种植业比重下降、种植业结构中经济作物比重上升和粮食作物比重下降以及农村人口规模扩大均会增加农业面源污染物排放量。但是通过农业技术的进步和合理有效的农业面源污染治理政策的实施，能够对农业面源污染的排放量进行一定的控制，这也在一定程度上说明，农业经济增长是能够与农村环境保护实现协调发展的[55]。黄滔通过分析合同环境服务在农村畜禽面源污染治理中的作用，认为合同环境服务业的创新发展，在引入市场机制的同时，加强政府的引导和支持，在实践中广泛推广成功案例，不断寻求政府、养殖企业和治污企业之间的利益平衡[56]。

1.3.3　国内外研究综述

通过对国内外治理农村面源污染相关研究的梳理分析，可以清楚地看到，国外主要经济发达国家和地区已经将农村面源污染治理问题作为环境管控和环境保护的重要组成部分。虽然国外在早期的定性研究阶段就已经掌握了农村面源污染的特征、形成机理和污染源头，并根据农业的生产方式和农作物的灌溉方式，制定相应的政策法规，但大都是由政府作为单一主体实施的。国外学者在考虑到农村面源污染容易受到天气、季节和洪涝灾害等随机性因素影响，特别是由于农村面源污染源头过于分散，污染种类多，监测成本高，尤其是将治理工业点源污染手段用于治理农村面源污染时发现，对治理工业点源污染非常有效果的排放量激励手段对治理农村面源污染则毫无作用。为此，需要积极寻找和建立新的治理农村面源污染的治理途径和激励手段。

目前，中国的农村面源污染治理研究取得了比较丰富的学术成果。对农村面源污染的危害性和治理的紧迫性国内学者都有着深刻的认识。但是由于中国农村地域广阔，并且各地农村的自然地理环境各有不同，农业种植的作物、种植手段也有很大不同，因此造成农村面源污染的主导影响因子有很大差异，因此在环境治理手段和方式的选择上各地方政府的策略也有所不同。从多中心治理角度看，农村面源污染治理是多元共治、自主组织、自主治理的结果，必须联合多中心治理主体，建立多中心治理机制，运用各种激励手段进行干预，优化设计，提出多中心治理措施。目前大多偏重依靠某一主体治理，要么依靠农户，要么依靠政府，要么依靠市场，造成治理主体过于单一，甚至效率低下。此外，国内学者对农村面源污染的形成机理和治理机理主要从宏观上进行分析，从中国的现实国情和农业发展阶段出发，目前对于农村面源污染治理的实践仍不足，研究仅仅局限于对原理、影响因素的分析，而缺乏对政策实践的分析和研究。概括地说，当前国内外研究的不足主要体现在以下方面：

1）农村面源污染治理研究不够深入。由于农村面源污染治理主体单一，政策法规和机制不健全，造成监控和治理农村面源污染的难度大。在微观层面上，对农户主体行为与农村面源污染之间的关系研究欠缺，没有从总体上根据不同区域农业生产要素禀赋的结构差异进行分析，进而忽略了生产要素禀赋差异带来的农村面源污染产生和治理机理的不同。

2）农村面源污染治理研究广度不够。由于中国农村面源污染研究起步比较晚，在借鉴发达国家的经验基础上，国内学者提出了有关农村面源污染的治理对策和措施。与此同时，忽略了中国农业发展水平、自然条件等与发达国家的巨大差距，其操作性和实用性不强。

3）对现有治理模式很少进行定量评价。中国农业面源污染模型研究正处于起步阶段，对于现有的治理模式，很少有学者进行定量研究、探讨其现状和存在的问题，使得治理模式中存在的障碍得不到重视和解决，现有的治理模式得不到进一步的改善。同时，目前研究基本上以建立经验模型和引用国外模型进行验证和模拟应用为主，缺少本土的机理模型研制与开发。另外一些模型对资料条件的要求过高，很难在中国进行推广应用。

4）农村面源污染治理缺乏系统性。农业面源污染的治理不仅涉及治理的技术支持问题，还更多的涉及政府的治理措施、防治机制的完善。因此必须调动农户主体、发挥政府职能和通过市场调控，引导、约束、协调人们的环境保护观念和环境保护行为，这也是保证农村面源污染得到有效治理的途径。但是，目前中国农村面源污染治理研究基础相对比较薄弱，运用多中心治理理论研究农村面源污染问题基本上属于空白状态。

1.4　农村面源污染多中心治理的理论基础

中国农村面源污染多中心治理研究的理论基础是需要相关基础理论的支撑。本书通过参阅大量的基础理论，结合本书的实际需要，主要以多中心治理理论和制度创新理论为核心，以可持续发展理论、生态补偿理论、循环经济理论和博弈论为辅助，构建基础理论框架。

1.4.1　多中心治理内涵及特征

1.4.1.1　多中心治理内涵

多中心治理理论是 20 世纪 90 年代埃莉诺·奥斯特罗姆和文森特·奥斯特罗姆共同提出的，成为公共管理研究领域一种较新的研究理论，并发展成为具有广泛影响的理论主张，该理论对公共管理的治理理念和制度安排进行了创新和突破[57]。文森特·奥斯特罗姆等人通过对集权制和分权制的对比研究，发现这两种制度的结构是相同的，都是以单中心治理为主，但是单中心治理往往存在较高的策略成本和信息成本，因此文森特·奥斯特罗姆等提出了多中心治理的概念，并通过实证验证了多中心治理在大城市实施的必要性和可行性[58]。

多中心治理是在多中心概念的基础上发展而来的。多中心是指借助多个而非单一权利中心和组织体制治理公共事物，提供公共服务，强调参与者的互动过程和能动创立治理规则、治理形态，其中自发秩序或自主治理是其基础。多中心治理，即把相互制约但具有一定独立性的规则的制订和执行权分配给无数的数量众多的管辖单位，所有公共治理主体的官方地位都是有限但独立的，没有任何团体或个人作为最终和全能的权威凌架在法律之上。多中心治理强调公共物品供给方的多元化和供给结构的多元化，不仅是公共部门，私人部门、社区组织都可以提供公共物品，这样就实现了公共物品供给的多元竞争，同时该理论还强调各部门对民间公共管理实务进行自主治理。

参照制度分析的观点，可以具体表述为：如果在把政府事务等同于公共物品与服务的提供的前提下，单中心即决策单位只有政府一方，并且由政府对社会公共事务进行统一管辖，形成一体化的管理体制，并且这种管理具有较强的排他性，也就是说单中心的政府治理模式中公共物品的供给者仅有政府一方。而与此相对应的多中心治理则强调政府公共事务的管理、公共物品的供给不仅只有政府，还包括各种地方组织、私人部门、非政府组织以及公民个人等多元化的决策者和供给方，多个供给方通过一定的规则限定和约束共同行使主体性的权利。这种供给主体多元、供给方式多样的政府公共事务管理体制就称之为多中心治理体制[59]。

1.4.1.2 多中心治理理论主要特征

（1）多元治理是核心

多中心治理强调多元治理，彻底改变了以往单中心治理过程中只有一个最高权威的格局，注重构建多个权利中心共同决策的多元治理体系，并由多元主体来共同承担公共管理和公共物品的供给。由于多中心治理理论强调分散权利、叠加管理、政府与市场和社会的多元共治，不仅能在一定程度上满足广大民众对公共物品的需求，而且能有效地提高公共服务的质量和效率，从而成为公共管理的一种较为理想的模式。以多元治理为核心的多中心治理制度由于供给主体的多元化，使其在公共物品的供给过程中多元市场竞争机制下能够充分发挥作用，从而有利于为公众提供更优质的公共物品。

（2）自主治理是关键

自主治理是多中心治理的关键，是指具有相互依赖关系的多方群体，针对某一个或某一些特定的公共问题，有规则的形成一定的组织，进行自主管理，并通过多样、灵活的组织行动方式，探索解决公共问题最高效的行动方案。在自主治理的过程中，互相联合的多方群体通过一定的规则约束，在解决公共问题的过程中有效地避免机会主义诱惑、搭便车行为以及回避责任等问题，从而有效地保障公共利益的长久实现。埃莉诺·奥斯特罗姆以多中心理论为基础，结合大量的实验研究，提出了公共池塘资源治理理论，即公共事物自主组织与治理的集体行动理论，该理论也是公共管理领域中颇具影响力的理论之一。

（3）主体参与是保障

多中心治理是通过主体的参与实现的。因此，为进一步形成政府与社会群体的联动，就必须着力强化民间组织和个体的主体意识以及参与意识，从而促使公共机构在提供更好的服务的同时付出更低的成本。此外，为促进公共服务社会化，实现更高的管理目标和绩效，就必须培育和增强参与主体对公共服务的主体意识，实现并建立政府与民间主体的良好互动[60]。

（4）制度安排是约束

多中心治理更加注重"游戏规则"。重点在多中心集体组织的建设和行动规则的确立，建立相应的制度安排。多中心的制度安排涉及组织和规则的渐进过程，也就是治理制度的设计、运作、评价和变更的过程。科学的多中心治理制度表现为：在治理过程中提供了操作、集体、立宪三个层次的制度分析框架，这就发挥了公共领域中"看不见的手"的作用，其中还包括了相应的分析框架，分析单位以及经验研究方法等一系列内容[61]。

1.4.1.3　多中心治理的优点

（1）提供更多治理方式选择以减少"搭便车"行为

多中心治理制度为公民提供机会组建多元化的公共物品供给主体，不同的供给主体在多中心治理过程中所行使的权利具有很大差异。多中心治理主体中包括一些具有一般目的的公共物品供给主体，其主要向某类社会群体提供内容广泛的公共服务，但也有一些治理主体具有特殊目的，例如，有些主体可能只提供诸如农田灌溉和面源污染监控系统的运营和维护类的相关服务。为引入多元竞争，提高公共治理效率，公众存在着多个公共治理主体的选择机会。参与的公民就能够通过投票的方式进行选择可替代的公共物品。而这些公共物品供给主体的多样化功能也意味着同一公民可以在多个公共物品供给主体中享有公民待遇，从而实现公共服务的多元共管[62]。

（2）有效供给公共产品或公共服务

通过多层级、多元化的公共控制将外部效应事务治理内部化，利用多中心治理制度与公共服务体系的高效结合，有利于社会所偏好的事务状态的维持。由于"搭便车"现象的存在，导致农民要求政府部门提供公共服务或公共物品以弥补供给不足。将公共服务或产品打包的方式不仅能提高公共管理的经济效益，也能有效地缓解"搭便车"之类的公共管理困境，使公共治理具有与私人治理相似的性质。同时，这种方式对约束政府垄断和短视行为同样有效。现实中一些政府官员由于存在严重的功利思想，过分追求政绩，在公共物品供给或公共服务的提供中可能会出现短视行为，就会夸大某些公共物品的需求，而对于公众的基本公共物品需求则会忽视。而且由于政府人员的这种短视行为，也导致了大量具有外部正效应或外部负效应的公共事务的处理难以从根本上解决[63-65]。对于垄断性经营的行业，政府也能够在一定程度上更加关注产品的成本与收益，对于行政界限的僵化，由于获得收益的人没有对其进行收费，而付出费用的人却享受不到收益，多中心治理制度通过提供有效的公共物品供给，对这些问题进行有效的解决。

（3）可以体现公共决策的民主性和有效性

公共部门对农村公共物品的供给是一种经济活动，因而必须依照效率原则尽力满足农户的消费偏好。多中心治理的优点在于能够充分利用当地的自然条件、人文条件等进行合理的决策。在农村公共物品的供给过程中，决策及控制往往是在多个层面上展开的，多中心理论强调将这些决策的中心尽可能地下移，个人的决策是建立在集体决策和宪政决策上的，而公共物品的供给对象往往是地方政府或基层公众，集体的决策和宪政的决策往往需要尊重公众的意见，也需要更多群众和基层组织的参与[66]。

1.4.2　农村面源污染内涵及其特点

1.4.2.1　农村面源污染内涵

面源污染是一个相对的概念，是相对于点源污染来说的，目前面源污染已经成为造成水污染的最重要的因素。面源污染又叫非点源污染（NPS），《辞海》中认为面源污染是危害人体、降低环境质量或破坏生态平衡的现象。面源污染的产生往往是由于污染源在较大的范围内通过弥散或者大量小点源形式进行污染物的排放形成的，这些污染物经过自然环境，在大气、土壤、水体等的作用下，最终进入地表径流，对江河、湖泊、地下水等造成污染。

农村面源污染是指在农村居民的生产活动和生活活动中，由于过量或不当使用易溶解的或者固体污染物（如农业生产过程中常用的农药、化肥、农膜，畜禽养殖过程中的饲料、畜禽粪尿、兽药土粒和农村生活中的生活污水及生活垃圾等有机或无机物质）从不确定的区域或地域，在降雨和地表径流冲刷作用下，使大量污染物在未经处理的情况下，随意流入受纳的江河湖泊、水库等水体中而产生的污染，同时也严重污染了农村的生态环境[67-68]。

在农村面源污染中比较典型的面源污染包括农田水土流失、居民生活污水排放、农田中农药化肥的使用、农村固体废弃物垃圾、农村畜禽养殖污染物等造成的污染。一般来说，面源污染与通过排污口进行污染排放造成的点源污染相比，农村的面源污染往往来自于较为分散的、大面积的或者是大范围的污染物，目前常规处理方法不能治理或改善污染排放源，加之缺少必要的监控和治理，农村面源污染治理迫在眉睫。

1.4.2.2　农村面源污染特点

（1）农村面源污染的随机性

农村面源污染从形成过程来看，具有较强的随机性，往往伴随着区域内的降水或者污染而产生的。在地域水文循环过程的影响和支配下，与降雨时间和降雨强度正相关。此外，农村面源污染的形成还与土壤结构、农作物类型、气候、地质地貌等其他许多因素密切相关[69]。

（2）农村面源污染的广泛性

随着经济的快速发展，人类不仅消耗了大量的能源，而且将种类繁多的污染物通过各种途径排放到赖以生存的环境中去。大量的工业污水和生活污水进入到水体，还有一些污染物则以废气的形式排放到大气中，还有的飘落或直接沉积在地球表面。降雨时，雨水汇集成地表径流，并将积存在地球表面的污染物冲刷进水体之中。由于河流流经的地理区域广，这也直接导致了农村面源污染具有广泛性和较强的时空差异性的特点，同时也导致农村面源污染地理边界和空间位置的划分难度很大[70]。

（3）农村面源污染的滞后性

一般来说，农业面源污染并不是一朝一夕形成的，而是一个从量变到质变的过程，在很大程度上与降雨和径流密切相关，农药和化肥施用所造成的农村面源污染，只有在降雨形成的地表径流驱动下才能发生，但这样的污染往往非常严重。加之化肥、农药在农田中的存留时间长，也会对农业面源污染的形成产生滞后性的影响，可能长时间地留存在地表。农业面源污染的滞后性，再加上农村对面源污染的重视程度不高、治理不及时等，直接造成农业面源污染的长期性[71]。

（4）农村面源污染的风险性

农村面源污染引起了水体的污染、土壤污染、大气污染等一系列的问题，影响了生态环境的生态功能，也对农产品的安全、农村居民的身体健康甚至是农村的可持续发展构成了重大威胁，因此农村面源污染存在着很大的风险性[72-73]。

（5）农村面源污染的不确定性

地形、土壤条件、农业生产方式、农户生活方式等都是影响农村面源污染的重要因子。由于农村面源污染污染源不固定，污染物的排放地点也不确定，且呈现多样化的特点，同时面源污染物的排放还具有一定的间歇性等特点，这就造成了农村面源污染物来源、污染范围、污染负荷等均有一定的不确定性，进而使得在实际中农村面源污染的监控、防治更加困难和复杂[74]。

（6）农村面源污染的不易监测性

由于农村面源污染具有不确定性等一些特性，与点源污染的监测相比，农村面源污染的监测难度更大，所需要的信息更多，监测成本也更高。农村面源污染的形成机理直接决定了面源污染受气候因素影响非常大，如在雨季或者降雨量偏大情况下，地理条件又有着强烈影响，加之本身所具有的滞后性、不确定性等一系列特性，都使得面源污染的监测难度大增，而客观评价其在水体污染中的贡献率也十分困难[75]。

1.4.3　农村面源污染治理的基础理论

1.4.3.1　可持续发展理论与农村面源污染治理

从可持续发展内涵的发展历程来看，可持续发展最初仅仅是注重生物方面的可持续发展，随着实践和理论发展的不断深入，可持续发展不断发展到生态环境、经济、社会等方面，目的是要实现生态环境、经济与社会三者之间的协调和可持续发展。农村是生态—经济—社会三维复合系统，农村的可持续发展就是这个三维复合系统的可持续发展。农村的可持续发展的内涵是要将经济的健康发展建立在生态环境的可持续发展、社会的公平公正以及农户积极参与农村发展决策的基础上，农村可持续发展的目标是在保护好农村资源和环境生态安全、不对子孙后代的生存和发展造成威胁的基础上，满足农民各种需要、使农户得到充分发展。目前主要从经济、社会、环境三个方面对农村可持续发展进行衡量指标的设计，包括可持续经济、可持续生态和可持续社会三个方面：

1）经济可持续发展。农村可持续发展鼓励经济的可持续增长，不仅追求数量的增长，更追求质量的增长，力求改变以"高投入，高消耗，高污染"为特征的粗放式的经济增长，实现以"提高效益，节约资源，减少污染"为特征的集约式的经济增长。农村经济的可持续发展一方面促进了农村经济的发展，提高了农村居民的生活水平和生活质量，另一方面经济的可持续发展为农村的可持续发展提供了充足的物力和财力，使得农村的可持续发展不是停留在口号上，而是真真正正的实现可持续[76-78]。

2）生态可持续发展。农村的可持续发展是以自然承载力为基础的，因此农村的可持续发展是有限制的，自然承载力的限制才使得生态可持续发展成为可能，也为农村的可持续发展提供了环境保障。因此农村的可持续发展是建立在生态的可持续发展基础上的，生态可持续是农村可持续发展的前提条件。

3）社会可持续发展。农村的可持续发展强调社会的公平性，社会公平性是社会稳定的基础，如果社会中缺乏公平性，在农村社会发展中就很有可能会有一部分人为了自身的利益而忽视资源和环境，不顾法律向社会发泄心中的不满，所导致的结果往往是资源和环境的破坏。虽然在不同时期农村可持续发展的目标会略有不同，但是最终的目标是一致的，就是要力图改善农村居民的生活质量，优化农村的生产环境，提高农村居民的健康水平，创造一个平等、和谐、人人享有教育权和发展权的社会环境。总的来说，在农村的可持续发展中，经济可持续是基础，生态可持续是条件，社会可持续是目的，三者相辅相成，缺一不可[79]。

治理农村面源污染实现农业可持续发展的基本原则：

1）可持续性原则。可持续发展要求人们要在生态环境允许的范围内，适当调整自身的生活方式，确定自身的消耗标准。因此在农村发展中，只要农户的经济活动和社会发展在自然资源与生态环境承载力的范围内，就能够实现农村的可持续发展。但是如果在农村发展中农业面源污染对环境造成了极大的破坏，就严重威胁了人类经济发展的生态环境基础，那么农村的发展也就很难实现可持续。农村的经济和社会发展必须与资源和环境的承载能力相适应，治理农村面源污染不能超过农村生态环境的承载力。

2）公平性原则。可持续发展是以追求公平为目标的，这是可持续发展与传统粗放式发展之间根本性的区别之一。治理农村面源污染实现农村可持续发展所遵循的公平性原则主要有三个方面的内涵：首先，这种公平性体现在当代人之间的代内公平也就是横向公平；其次，这种公平还表现为代际间的公平，是不同世代人之间的纵向公平，由于人类的生存环境中有非常多的资源具有不可再生性、自然资源的总量是有限的，当代人不能只顾自己这一代的发展而去损害后代满足其自身发展需要所赖以生存的自然资源与生态环境，要保障当代人与后代之间获取自然资源的公平的权利；最后，是人类赖以生存的自然资源分配的公平性，从可持续发展的概念就可以看出，可持续发展不仅要考虑当代人的自身利益，更注重对后代人的历史道义与责任。虽然当代人在资源与环境的开发和利用中处于相对的排他性垄断地位，但是要保障各代人之间的纵向公平，就要求任何一代人对环境和资源不能处于绝对的支配地位，要使各代人都有均等的发展机会，就必须要实现资源与环境的可持续发展。

3）共同性原则。《里约宣言》是在认识到地球是我们赖以生存的家园，要保持大自然的完整性和相互依存性的基础上签订的尊重共同利益和维护全球环境与发展体系完整的国际协定。在此宣言中，提出了各国在环境与发展领域采取行动和开展国际合作的 27 项原则。农村的生态环境是人类赖以生存的生态环境中必不可少的重要组成部分，因此治理农村面源污染目标是共同的，为了实现这一总目标，必须采取共同的行动。每代人都按照共同性原则行动，共同维护和保持共同的环境家园，在人与人之间、人与自然之间始终保持一种互惠共生的关系，那么可持续发展才能够成为现实。

4）系统性原则。系统的发展应从宏观角度分析系统中的各因素和目标，以分析其整体的协调发展。系统的可持续发展有赖于人口的控制能力，环境的自净能力，资源的承载能力，社会的需求能力，经济的增长能力，管理的调控能力的提高，注意均衡各种能力建设的相互协调。治理农村面源污染是可持续发展的重要部分，要正确认识可持续发展的过程是一个动态的过程，不是一蹴而就的，系统的各个因素都同等重要，在发展过程中不能过分的强调某一因素而忽视其他因素在可持续发展中的重要作用。同时，评价治理农村面源污染的状况，注意应以系统的整体和长远利益为衡量标准，确定合理的发展目标、环境目标，实现短期利益与长期利益的统一、局部利益与整体利益的统一。

5）质量性原则。经济发展的内容是非常宽泛的、形式是多样的，不仅包括经济的增长、人民生活水平的提高，还包括结构的变化，这种结构变化包括经济结构、产出结构、投入结构、产品构成结构及产品质量、分配的状况等方面的变化。而农村经济的可持续发展应重点强调的是农村经济发展质的改变，而不是过分强调农村经济发展的量变。从农户的角度来说，农村经济的可持续发展是农户组成的社会群体组织及其生态环境的可持续发展，不仅包括农村经济发展的所有内容，还包括了农村政治制度的完善、社会结构的改善、生态环境的优化、文化的交流与融合、农业科技和农村教育的进步、农村居民就业机会的增加和农村居民收入的改善等方面。

6）需求性原则。传统发展的目标是追求经济的增长，主要以传统经济学为支柱，通过国民生产总值的变化来反映经济发展状况。传统经济发展的模式片面强调经济增长，使全球的自然环境、生态系统承受了巨大的压力，一味地追求高增长也对人类赖以生存的环境造成了诸多不可恢复的破坏。实现经济发展是人类的需求，但是人类需求是一个系统，经济发展仅仅是人类需求之一，在这个系统中各种需求是相互联系、相互作用的，各种需求的共同作用形成了一个统一的整体。随着经济社会以及环境的变化，人类需求系统也不断呈现出动态的变化，不同时期、不同的经济发展阶段，人类的需求系统是不同的，人类某些基本的物质需要仍难以得到完全满足。农村的可持续发展是在坚持长期可持续性的基础上，以市场为导向，通过市场信息的变化来影响和指导农户的生产活动，力求实现人类资源在代际间分配的均衡性，以使自然资源在满足当代人需求的基础上也能满足后代人的发展需求，从而为后代人的生产生活提供美好发展的机会。

1.4.3.2　生态补偿理论与农村面源污染治理

生态补偿理论是农村面源污染治理研究中非常重要的理论分析基础，生态补偿理论主要包括以下五方面的内容。第一，生态补偿主要包括自然补偿与人为补偿。一般来说，自然补偿包括缓冲、还原和补偿，是自然生态系统对农村面源污染所引起的生态环境破坏的一种自我修复。而人为补偿的内涵比较丰富，一方面是指人对自然的补偿，是对已经面临被农村面源污染威胁的生态环境通过人为的干预，对生态环境的生态系统进行修复与重建；另一方面是指人对人的补偿，是通过经济手段，对生态环境保护与农村面源污染治理问题中的不公正的行为进行调节，从而实现对生态环境的保护和改善。第二，生态补偿是生态正义的要求，良好的生态环境是人类生存的基础，也是经济社会发展的基本条件，还是人类生产生活的物质能量来源，农业、农村的良好发展、可持续发展对区域经济乃至整个国家的经济都有重要的影响，而其可持续发展的基础则是生态环境的良性循环，因此对生态环境积极开展人为的生态补偿是维护生态安全、维持生态系统平衡的必然要求。第三，生态补偿的主要目的就是为了最大程度的遏制生态破坏并尽可能地改善生态环境，因此生态补偿作为一种能够促进农村面源污染所带来的外部成本或者收益实现内部化的重要的环境经济手段，不仅包括对造成农村面源污染负外部效应行为的处罚，也包括对改善农村面源污染并产生正外部效益或收益行为的奖励，以便能够通过生态补偿这种经济手段来提高引发农村面源污染行为的成本及正外部收益。第四，生态补偿是为了更好地治理农村面源污染、改善农村居民生产生活环境，国家或社会主体之间达成共识后形成的一种约定，在此约定下实施生态补偿措施，目前生态补偿正逐步被赋予一定的法律效力，并最终形成法律制度。第五，生态补偿总的来说仅仅是作为治理农村面源污染的一种治理手段，但这一切最根本的目的还是保护生态环境。因此在治理农村面源污染实施生态补偿的过程中，要坚持客观、公正，实现生态责任和生态利益分配上的公平与合理[80-81]。

1.4.3.3　农业循环经济理论与农村面源污染治理

20世纪90年代，国外学者首次提出了循环经济的理念，中国在1998年将其引入并迅速流行。国内的学者对循环经济进行了深入的研究，达成了共识，首先确定了减量化、再循环、再利用的"3R"循环经济发展原则；其次认为循环经济是人类与环境关系发展的新阶段，与传统的线性经济发展模式以及末端治理模式有根本性的不同；再次，学者对企业生产、社会经济发展等都从可持续生产视角进行了分析；最后，从新型工业化经济发展角度来说，循环经济是经济、社会、环境共赢的新发展模式。循环农业是循环经济的一种重要类型，它不仅可以保护农村生态资源的安全，提高资源利用的生态效率，而且可以降低各种污染物的排放，减少农村面源污染的发生频率和发生范围[82]。因为循环经济的基本含义就是以减量化、再循环、再利用为基本行为准则，这与治理农村面源污染的目标和途径是相一致的。发展农业循环经济治理农村面源污染就是以生态产业链为发展载体，以清洁生产为重要手段，实现物质资源的有效利用，做到经济及生态的可持续发展[83]。发展循环农业就是加快农村经济增长方式的转变，发展节约型、环保型和生态型农业，提高农业经济效益，不断增强农村经济发展的可持续性[84,85]。

1.4.3.4　博弈论与农村面源污染治理

博弈论（Game Theory）是专门研究解决各决策主体之间相互冲突与合作问题的策略或决策并且取得各主体都能满意的一门学科，因此又称对策学或策略论[86]。通俗地说，博弈论就是专门研究在一定的约束下，各决策主体各种可能的决策行为组合以及决策主体实施决策的均衡问题。博弈论认为,在决策过程中,某一决策主体的行为将会影响到其他决策主体的行为及决策结果,同样的,这一决策主体的行为及决策结果也会受到其他决策主体的影响,博弈的过程就是决策主体相互影响的过程、博弈的过程,博弈的结果就是实现各决策主体的均衡选择。

一个完整的博弈过程包括六大方面。一是博弈规则,这是博弈的前提条件。博弈的规则可以由参与博弈的各方共同设定,也可以由参与博弈各方共同指定的其他方进行设定,无论是博弈的规则由哪一方设定,都是博弈参与者所必须遵守的约定或准则,否则博弈就不成立。二是决策主体,也称参与者或局中人,决策主体均为能够独立进行决策并承担决策结果的个人或组织。三是博弈信息,是博弈参与者作出决策所必需的情报,包括对对手的条件、处境的了解以及对对手可能作出的决策的判断等。四是策略集,又称博弈空间,是博弈参与者各方所可能作出决策的所有组合,对于其中的任何一个组合,博弈参与者都能了解该组合对自己或对方的影响并能产生的后果进行预期。五是博弈次序,也就是参与博弈各方作出策略选择的先后次序。六是博弈效用,又称为博弈支付,即参与博弈的各方在作出明确决策之后的最终收益或所得。

多中心治理理论应用到农村环境保护的问题研究中,必然存在农户、政府、企业等多个中心主体之间的相互作用、相互联系和相互关系。研究多中心治理主体之间的相互影响和作用,就其实质而言,就是一种更为典型的单方和多方博弈行为。农村面源污染治理问题正在由三个甚至更多的主体展开博弈和较量,并呈现出明显的多元治理趋势。博弈论最擅长研究的正是多个行为主体之间的行为博弈,这与多中心治理农村面源污染问题的多元共治一致。运用博弈论,重点分析农户、政府、企业、第三部门及其他可能存在的治理主体在博弈过程中的相互关系和相互作用。这样既符合研究的科学逻辑,博弈的结果又是可信和可行的。

1.5　本书研究内容与方法

1.5.1　研究内容

本书以中国农村面源污染的发展趋势和治理的迫切性为出发点,对国内外研究状况进行了系统的归纳,综述了目前国内外学者在农村面源污染方面的具体研究现状,并系统阐述了多中心治理农村面源污染的研究依据。围绕这一核心问题展开研究,本书的研究内容主要包括以下三部分:

第一部分是本书的开篇部分，从问题的提出到相关理论分析以及研究的主要问题。主要包括第 1 章和第 2 章共两章。第 1 章导论主要包括农村面源污染治理问题的提出、农村面源污染治理的国内外研究进展、农村面源污染多中心治理的理论基础等。第 2 章中国农村面源污染治理现状及国外经验借鉴，重点对农村面源污染的现状进行了分析，阐述了当前农村面源污染的治理现状，详细剖析了当前农村面源污染中存在的问题，并从财政税收政策、环境经济政策以及农村产业发展政策等方面对国外农村面源污染治理对策进行了经验总结。在此基础上，分析了国外农村面源污染治理对中国农村面源污染治理的相关启示。

第二部分是本书的研究重点和主要创新部分。从对传统面源污染治理的绩效分析到多中心治理主体间的博弈分析，再到多中心治理的模式构建以及由此需要的创新机制。主要包括第 3 章和第 4 章共两章。第 3 章农村面源污染传统治理模式绩效评价与多中心治理的主体博弈，通过构建政府单一治理绩效评价的指标体系，对目前的农村面源污染治理绩效进行了综合评价，并从多个方面对农村面源污染治理中政府单一治理失灵的原因进行了系统分析。在分析运用博弈论的基础上，对多中心治理主体的行为博弈进行了详细剖析，着重分析了农户间的行为博弈、农户与政府间的博弈、中央政府与地方政府的博弈以及农村公众与乡镇企业的博弈。第 4 章中国农村面源污染多中心治理模式与创新机制，主要分析了农村面源污染多中心治理的必要性及目的，构建了农村面源污染的多中心治理模式并对主体进行了角色和责任的分析，并从农村生态补偿机制创新、农村环境监督监管机制创新、全民环保育人机制创新、农村环境管理投入机制创新、治理市场化机制创新、科技支撑机制创新以及公众参与机制创新等方面展开详细的分析，将多中心主体有机地结合在一起，多中心主体在不同机制下发挥各自不同的作用。

第三部分是本书的研究结果部分。针对前述章节的分析，提出治理农村面源污染的主要途径和治理对策。同时以黑龙江省农村治理农村面源污染为实证进行分析，对本书的论点进行佐证支持。主要包括：第 5 章中国农村面源污染多中心治理对策，针对前文所研究的产生农村面源污染的原因进行展开，分别从以农户为主、以政府为主、以企业为主三个方面分析了农村面源污染的治理对策。第 6 章黑龙江省农村面源污染的实证分析，结合黑龙江省农村面源污染的现状，具体分析了黑龙江省农村面源污染的成因，并提出多中心治理的对策。

1.5.2　研究方法

本书的研究方法主要包括：

1）规范分析与实证分析相结合。运用规范分析方法对农村面源污染问题展开理论研究，结合实证分析，对农村面源污染的现状、问题及问题的成因等内容展开研究，同时以全国的统计数据、黑龙江省的实际案例等对所研究的内容提供真实的数据支撑和案例支撑。值得一提的是在分析农业生产和农村生活面源污染的原因和现状及农村多中心治理面源污染机制选择等问题时将两种方法有机结合。

2）定性分析与定量分析相结合。本书对农村面源污染的理论基础、问题产生的原因等内容主要以定性分析为主，而在研究政府、市场及农户在多中心博弈过程中，以及多中心治理面源污染机制选择时采用定量分析方法。

3）归纳与综合分析法。该方法主要体现在对国内外有关多中心治理、农村面源污染治理、新制度经济学等相关文献资料的分析与研究中，对中国当前农村面源污染治理过程中存在的问题以及国内外农村面源污染的经验进行系统总结，确定本书研究的目的及研究重点。

4）实证分析的方法。本书选取黑龙江省农村作为农村面源污染治理的具体应用实例，以黑龙江省发展农业循环经济治理农村面源污染为实证分析对象，通过对相关数据的权重分析，能够比较客观地反映出黑龙江农村治理农村面源污染与政府、市场和农户的多元共治密切相关，从而做到理论联系实际。

第2章 中国农村面源污染治理现状及国外经验借鉴

农村面源污染的产生和加剧是与中国农村经济的快速发展密切相关的。本章重点对农村面源污染现状和治理现状作出描述和介绍，并对治理现状存在的问题进行剖析，指明中国农村面源污染的危害日趋严重。如果农村面源污染得不到有效治理和必要监控，必然导致农村耕地退化、农村生态环境恶化。同时，对造成农村面源污染的成因加以分析，揭示其产生的深刻原因。最后，从政府政策法规的判定、经济手段、科技手段等多个方面对国外农村面源污染的治理经验进行了归纳整理，以期能够为中国农村面源污染治理提供一定的借鉴和参考。

2.1 中国农村面源污染及污染治理现状

2.1.1 中国农村面源污染现状

（1）农化品过量施用

目前中国仍然存在着农化品过量施用的现象，政府对化肥产业的政策扶持在一定程度上抑制了有机肥的推广，导致目前仍然存在着以牺牲环境为代价来实现农业大力发展的现象。"粗放型"和"石化农业"是现阶段中国农村生产方式的主要特征。表2-1为2000~2014年中国化肥施用量。

表2-1 2000~2014年中国化肥施用量

年份	有效灌溉面积 /km²	化肥施用量 /万 t	氮肥施用量 /万 t	磷肥施用量 /万 t	钾肥施用量 /万 t	复合肥施用量 /万 t
2000	53 820.3	4 146.4	2 161.5	690.5	376.5	917.9
2001	54 249.4	4 253.8	2 164.1	705.7	399.6	983.7
2002	54 354.9	4 339.4	2 157.3	712.2	422.4	1 040.4
2003	54 014.2	4 411.6	2 149.9	713.9	438.0	1 109.8
2004	54 478.4	4 636.6	2 221.9	736.0	467.3	1 204.0

年份	有效灌溉面积 /km²	化肥施用量 /万 t	氮肥施用量 /万 t	磷肥施用量 /万 t	钾肥施用量 /万 t	复合肥施用量 /万 t
2005	55 029.3	4 766.2	2 229.3	743.8	489.5	1 303.2
2006	55 750.5	4 927.7	2 262.5	769.5	509.7	1 385.9
2007	56 518.3	5 107.8	2 297.2	773.0	533.6	1 503.0
2008	58 471.7	5 239.0	2 302.9	780.1	545.2	1 608.6
2009	59 261.4	5 404.4	2 329.9	797.7	564.3	1 698.7
2010	60 347.7	5 561.7	2 353.7	805.6	586.4	1 798.5
2011	61 681.6	5 704.9	2 381.4	819.2	605.1	1 895.1
2012	63 036.4	5 838.8	2 399.9	828.6	617.7	1 990.0
2013	63 473.3	5 911.9	2 394.2	830.6	627.4	2 057.5
2014	64 539.5	5 995.9	2 392.9	845.3	641.9	2 115.8

中国是人口大国，虽然耕地面积总量大，但是人均耕地却非常少，在农业生产中对土地资源过度开发，很多地方的土地已经达到了最大限度的开发利用。农户在长期的农村生产中，大量使用化学肥料，追求单位面积农作物的产量，不仅对农业生态环境造成了破坏，也引起了农村自然环境的急剧退化。由于农村长期进行不合理的施肥，日积月累导致土地的土壤结构逐渐变差，土壤地力下降，土壤板结现象严重，农作物产量下降等。由于过量施用化肥造成的农村面源污染常常会伴随着农村环境中水体、大气和土壤的污染。据统计，2014 年中国化肥（100% 折纯）使用量已达 5995.9 万 t，占世界化肥总产量的 1/3，成为化肥消费第一大国。过量施用氮肥还会造成地表水富营养化、赤潮发生以及产生酸雨。由于氮肥的不合理施用或者过量施用，直接导致氨的挥发和反硝化脱氮加快，氮肥的浅施、撒施后，往往造成氨的溢失（表 2-2）。过量施用化肥，不仅造成了大气的污染，还极大地破坏了地球的臭氧层，促使大气中的二氧化碳含量增加，增强了温室效应。过量施用的化肥从土地的地表径流、或渗漏进入农村水域中，同时化肥中的物质还以 N_2O 气体形式挥发进入大气中。这样由于过量施用化肥就造成了从地下水体到地上再到大气中的立体污染[87-89]。

表 2-2 中国农田化肥氮在当季作物收获时的去向及对环境影响

氮的去向	比例	环境影响
径流	5%	地表水富氧化，赤潮
淋洗	2%	地下水硝酸盐富集
表观硝化-反硝化	34%（其中 1.1% 为 N_2O-N）	形成酸雨，温室气体
氨挥发	11%（旱地占 9%，稻田占 18%）	大气污染，酸雨
作物回收	35%	

资料来源：朱兆良等. 中国农业面源污染控制对策. 北京：中国环境出版社，2006

中国是全球农药消费大国。改革开放近 40 年，由于安全用药、科学施肥技术水平不高，伴随着农村集约化水平不断提高，农药、化肥等农用化学品大量投入和使用，由于防控技术得不到大力推广，加之农户没有按照操作规程和喷施说明安全合理地使用农药，喷洒的农药实际附着于作物上的只有 1/3 左右。而剩余的约 2/3 的农药通过多种途径分散到环境介质中，这也是农药造成农村面源污染的重要途径。中国 2000～2013 年（2014 年的相关数据缺失）的农药施用量如图 2-1 所示。

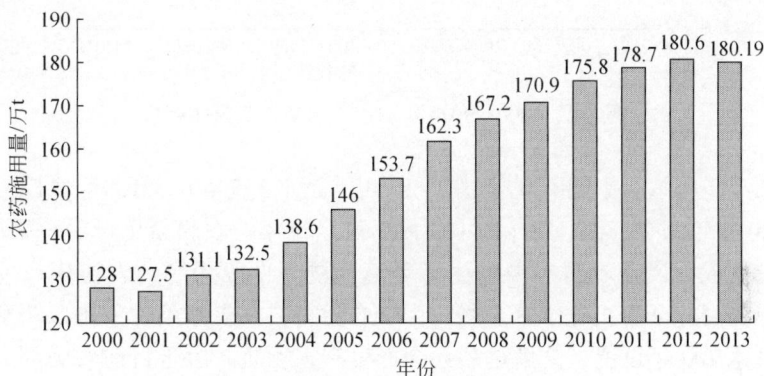

图 2-1　2000～2013 年中国农药施用量

缺乏防控技术的支持，农户过量使用农药，容易造成多重危害。例如过量的农药会严重损害土地的生产能力和调节功能。由于农药的利用率相对较低，再加上农民在施药过程中方法以及用量缺乏指导，直接导致大部分农药直接被雨水等冲刷进入农村水环境，进而污染农村水源。农药的过量使用还严重影响食品安全和身体健康。农药在防御田间害虫保障农作物产量的同时也会有大量的农药部分残留或者超标残留在农产品表面，影响了农产品的食品安全[90]。而且由于农产品表面农药的超标残留，也直接影响到食品安全和农产品出口贸易，直接威胁或侵害到城乡人民的身体健康，过量使用农药极易造成生态失衡[91]。

中国农膜产量和覆盖面积均居世界首位，并以每年 10% 的速度递增，且年产量达百万 t，目前使用面积已超过亿亩。塑料薄膜在农业生产中应用广泛，薄膜的使用极大的优化和改善了农业的栽培条件，促进了农作物的早熟，保障了农作物的优质高效。但是由于薄膜是由高分子化学材料制成，在土壤中不易被分解并具有一定的毒性，近些年随着薄膜应用量的增加，农膜污染也已经成为农村面源污染中较大的污染源之一，而且农膜也是中国农村生产三大支柱化学品之一。图 2-2 为根据《中国农村统计年鉴》2001～2015 的相关数据整理得到中国 2000～2014 年的农膜使用量。

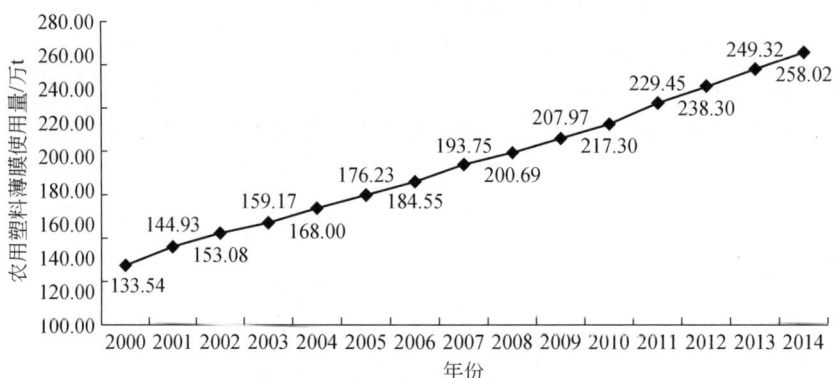

图 2-2　2000～2014 年中国农用塑料薄膜使用量

如图 2-2 所示，中国农膜使用量 2000 年是 1 335 446.33t，且使用量逐年增加，到 2014 年为 2 580 211t（图中为便于表示每年的农膜使用量单位采用万 t）。农膜残留已成为当前农村重要的生态环境问题，也成为制约农村生产发展的瓶颈。农膜属高分子有机化学聚合物，由于农膜材料在自然条件下难以降解，其残存时间可达 200 年以上，降解之后还会产生有害物质。由于目前农膜的大量广泛应用，在农村的田间地头、房前屋后都能够看到废弃的农膜，农膜为农村环境带来了严重的白色污染，不仅有违当前的美丽乡村建设目标，更是严重污染了农田土壤和农村的生态环境[92]。

（2）畜禽粪便随意排放

改革开放以来，中国畜牧业发展取得了举世瞩目的成就。畜牧业生产规模不断扩大，畜产品总量大幅增加，畜产品质量不断提高。特别是近些年来，随着强农惠农政策的实施，畜牧业呈现出加快发展势头，畜牧业生产方式发生积极转变，规模化、标准化、产业化和区域化步伐加快。畜牧养殖所产生的大量粪尿如果处理不好，则直接造成对当地环境的污染和破坏。现今无论是大规模的现代化养殖场还是小规模的家庭散户养殖，对畜禽的粪尿处理还缺乏相应的环保措施和废物处理系统，粪便未经处理直接大批量的露天堆放或是直接排入河流，造成对家畜和环境的污染，同时这些大量放置的粪尿也造成了一些人畜疫病的发生，现有解决方法一般为水冲式和沼气利用。采用水冲式清粪则需要大量地处理污水，这些污水如能经过分离后排入农田的话可以达到良好的利用效果，如直接或间接排入河道，对地表水的污染会很严重[93]。另外，畜禽粪便发酵后产生大量的 CO_2、NH_3、H_2S、CH_4 等有害气体，如果直接排放到大气中，则会危害人类健康，加剧空气污染，引起地球温室效应。表 2-3 所示为畜禽每日或者每年排泄的粪便量，以及氮、磷含量等。

表 2-3　畜禽粪便排泄系数及其中的养分含量

畜禽种类	粪便排泄量	总氮含量/%	总磷含量/%	美国农业工程学会数据
猪	5.3kg/d	0.238	0.074	5.1kg/d
肉牛	7.7t/a	0.351	0.082	7.6t/a
奶牛	19.4t/a	0.351	0.082	20.1t/a
马	5.9t/a	0.378	0.077	8.3t/a
驴、骡	5.0t/a	0.378	0.077	—
羊	0.87t/a	1.014	0.216	0.68t/a
肉鸡	0.10kg/d	1.032	0.413	0.08kg/a
蛋鸡	53.3kg/a	1.032	0.413	42.1kd/a
鸭、鹅	39.0kg/a	0.625	0.290	32.3kg/a
兔	41.4kg/a	0.874	0.297	

注：收集国内 1994～2004 年公开发表的文章，通过取平均值确定各种畜禽新鲜粪便的排泄系数[93-95]；以牛的排泄系数代替水牛和黄牛的排泄系数；驴骡的粪便氮磷养分含量取值与马相同；鸭鹅的粪便养分含量取均值，"-"表无数据

中国在 2010 年禽粪便产生量接近 30 亿 t，是中国固体废弃物产生量的 2.5 倍。畜禽粪便化学耗氧的排放量已达 7118 万 t，远超过同期生活废水和工业废水的排放量之和，特别是规模化养殖产生的粪便相当于工业固体废弃物的 35%[96]。在农村不乏规模化养殖的大户，单个养殖大户的畜禽存栏量往往达到几百头甚至上千头，畜禽粪便、粪水的排放量非常大，但由于缺乏有效地监督管理，这些粪便粪水往往未经任何处理就直接排入农村沟渠、池塘等水域中。畜禽粪便往往含有大量的寄生虫卵、大肠杆菌等病原微生物，不经过任何处理排入水域中，就会给农村水域环境带来极大的污染，甚至会危害人体健康。目前在中国农村地区普遍缺乏对畜禽养殖的管理，对畜禽养殖污染的投资则是少之又少，对农村生态环境造成了严重的影响。由于这种治理空白的存在，甚至有些专家指出在今后生活污水和工业污水在水污染中所占比重会越来越小，取而代之的则是农村的畜禽粪便污染。由于客观上造成的农牧脱节，农村环保投入的主体是农户，当前中国农民收入水平较低，导致农村面源污染防治投入很难落实，于是畜禽养殖成为各地农村面源污染的主要来源。因此如果当前不采取合理有效的措施加强畜禽粪便污染的治理，畜禽养殖业造成的农村面源污染对农村水环境的污染将日益严重。农村生态的破坏和农村环境的污染问题，最终成为制约农村经济和农业可持续发展的重要因素[97]。

（3）作物秸秆随意丢弃和焚烧

中国每年产生 6.5 亿 t 秸秆，其中约有 60% 被无谓焚烧或变成有机污染物，还有大量的秸秆抛弃于河沟渠、道路两侧，既污染了大气和水体，又影响农村的环境卫生。表 2-4 为 2000～2014 年中国农作物秸秆产量。

表 2-4　2000～2014 年中国农作物秸秆产量　　　　　　（单位：万 t）

年份	粮食作物秸秆	油料作物秸秆	棉秆	麻秆	糖渣和糖料作物茎梢	烟秆	蔬菜瓜类藤蔓和残余
2000	45 650. 21	3 040. 48	1 501. 90	100. 60	2 193. 72	358. 09	622. 51
2001	45 064. 81	3 029. 88	1 809. 99	129. 46	2 465. 88	327. 24	665. 80
2002	45 616. 16	2 965. 20	1 671. 51	183. 10	2 933. 96	341. 62	695. 20
2003	43 032. 97	2 917. 00	1 652. 30	162. 07	2 818. 31	322. 36	1 451. 74
2004	47 217. 18	3 279. 45	2 149. 99	203. 98	2 800. 91	346. 04	1 534. 90
2005	48 882. 3	3 242. 75	1 942. 82	209. 93	2 741. 00	389. 60	1 612. 01
2006	51 034. 85	2 821. 45	2 561. 15	169. 27	3 047. 90	332. 00	1 710. 20
2007	51 197. 98	2 750. 68	2 592. 02	138. 38	3 549. 28	361. 44	1 813. 63
2008	54 310. 70	3 087. 13	2 547. 24	118. 74	3 905. 36	331. 52	1 922. 02
2009	54 484. 97	3 362. 04	2 168. 10	73. 72	3 596. 82	358. 08	2 039. 55
2010	56 149. 31	3 342. 85	2 026. 78	60. 32	3 490. 99	389. 60	2 140. 14
2011	58 827. 91	3 430. 74	2 243. 32	56. 15	3 626. 82	360. 80	2 276. 82
2012	60 782. 77	3 577. 08	2 324. 23	49. 63	3 904. 74	348. 48	2 405. 68
2013	62 172. 79	3 663. 67	2 141. 66	43. 58	4 012. 72	419. 68	2 509. 30
2014	62 615. 13	3 672. 94	2 100. 63	43. 87	3 912. 34	450. 24	2 614. 22

注：一般根据农作物产量和各种农作物的草谷比，可估算出各种秸秆产量，即秸秆理论资源量=农作物产量×草谷比；其中麻秆秸秆产量以草谷比最低的黄红麻的草谷比进行估算；农作物产量数据源于《中国统计年鉴（2001-2015）》；

草谷比的数据源于毕于运，高春雨，王亚静，等. 中国秸秆资源数据估算. 农业工程学报，2009，25（12）：211-217

由表 2-4 可以看出，中国 2000～2014 年，农作物秸秆产量逐年增加，将给农村环境带来压力。由于在政策层面支持农业废弃物资源化利用的优惠措施不明确，目前中国农村秸秆综合利用技术推广不够宽泛，约有 1/3 的秸秆尚未得到很好的利用，加之秸秆利用的一些关键性的技术难题尚未取得实质性的突破，所以 1 亿多 t 的秸秆采取直接露天焚烧方式。秸秆焚烧产生的浓烟厚雾，会导致雾霾天气的产生，不仅危害人体健康，而且还会影响航空、铁路、高速公路的正常运行。因此加强对农村秸秆的管控力度，禁止随意焚烧和随意丢弃，大力推广和创新秸秆综合利用技术，拓宽农作物秸秆的利用渠道，是减少农村面源污染的当务之急。

（4）农村生活污水和生活垃圾无序排放和处理

据介绍，中国废水每年总排放量为 600 亿 m^3，其中工业废水为 200 亿 m^3，城市生活污水为 200 亿 m^3，乡镇污水为 200 亿 m^3（图 2-3）。按城市人口为 3.8 亿人计算，每人生活污水排放量为 52.63L/d，而农村与乡镇人口按 9.2 亿人计算，每人生活污水排放量为 21.74L/d，其生活污水的人均产量为城市的 2/5。据 1998 年统计，乡镇污水的处理率不足 1%。随着乡镇建设的发展，估计今后中国 80% 的污水将来自乡镇。据测算，中国农村每年产生生活污水 90 多亿 t，人粪尿年产生量为 2.6 亿 t。长期以来，由于治理资金短缺和农村水环境保护意识的淡薄，96% 的村庄都没有排水渠道和污水处理系统，农村地区的生活污水未经处理就直接排放，严重影响了农村地区的生态环境，并对当地居民的饮用水安全构成威胁[98-100]。

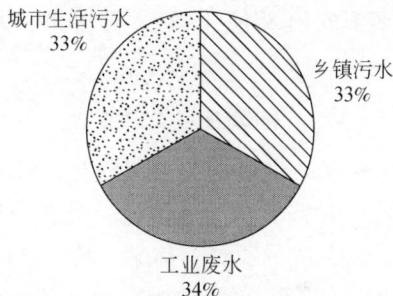

图 2-3　废水排放主要来源及比例

农村生活垃圾组成的影响因素有：人均收入、燃料结构和家庭畜禽养殖状况。据估算，中国农村生活垃圾年产生量约为 1.8 亿 t，有报告显示中国农村人均日生活垃圾排放量为 0.86kg，其中东部地区、中部地区、西部地区、东北地区分别为 0.96kg、0.88kg、0.77kg、0.81kg[101]。那么可以根据 2000～2014 年的乡村人口数量估算出全国乡村人口每天产生的生活垃圾数量，如图 2-4 所示。从图 2-4 中可以看出，随着中国城市化进程的不断推进，乡村人口不断减少，乡村垃圾每天的产生量也呈直线下降趋势。

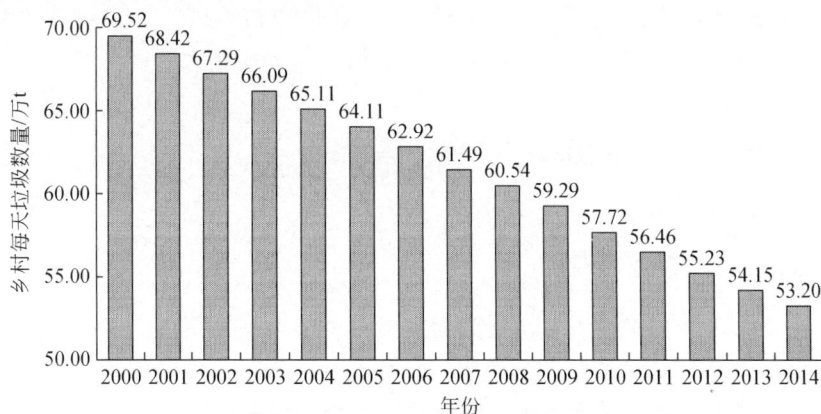

图 2-4　2000～2014 年中国乡村垃圾每天的产生量

农村因人口居住分散，生活垃圾被随意抛在田间、地头、房前、屋后，加之中国绝大多数村镇没有专门的垃圾收集、专门运输、集中填埋及其他垃圾处理系统，生活垃圾成为农村面源污染的一大公害。同工业垃圾一样，生活垃圾利用率极低。大部分在城郊和乡村露天堆放，特别是塑料袋、农药包装物等有害垃圾大多随意堆放，不仅占去了大片可耕地，还可能传播病毒细菌，其渗漏液污染地表水和地下水，导致生态环境恶化。因为基础设施的缺失，农村聚居点的生活污染物则直接排入周边环境中，造成农村严重的"脏、乱、差"现象。农村生活污水灌溉农田又使土壤受到污染，并进一步通过食物链进入人体，危害人体健康[102]。

(5) 乡镇工业企业"三废"大量排放

乡镇工业的持续快速发展，可以增加农民的收入，扩大农产品的市场范围，提高农村资源的利用效益，改善农民的物质文化生活。但由于乡镇企业数量众多、工艺陈旧、设备简陋、技术落后、能源消耗高，绝大部分企业没有防治污染设施，使污染问题较为突出。据1997年公布的《全国乡镇工业污染源调查公报》，1995年全国乡镇工业"三废"排放量达到了工业企业"三废"排放量的1/5~1/3，一些主要污染物排放量已经接近或超过工业企业的一半以上。近年来随着中国乡镇工业的迅猛发展，乡镇工业污染物排放比例会更大。据统计，近10年来中国乡镇企业固体废弃物排放占全国的比例由57%上升到61%，废水COD排放量占全国的比例由53%上升到58%，不同类型乡镇企业集聚带来的生活和工业复合污染问题导致农村面源污染加重。据全国第一次污染源普查显示，各类源废水排放总量2092.81亿t，废气排放总量637 203.69亿m³。主要污染物排放总量：化学需氧量3028.96万t，氨氮172.91万t，石油类78.21万t，重金属（镉、铬、砷、汞、铅，下同）0.09万t，总磷42.32万t，总氮472.89万t；二氧化硫2320.00万t，烟尘1166.64万t，氮氧化物1797.70万t。可见乡镇企业的排放的工业三废，对农村面源污染的"贡献"也是相当大的。

2.1.2　中国农村面源污染治理现状

2.1.2.1　治理资金现状

通过中国环境治理投资总额来间接反映中国农村面源污染治理的投资资金。2000~2014年中国环境污染治理投资总额如图2-5所示。由于环境污染治理投资总量少，用于农村面源污染治理的投资资金更少，目前中国还没有治理农村面源污染的专项投资，因此只能从环境污染治理投资方面侧面反映对农村面源污染治理的投资。

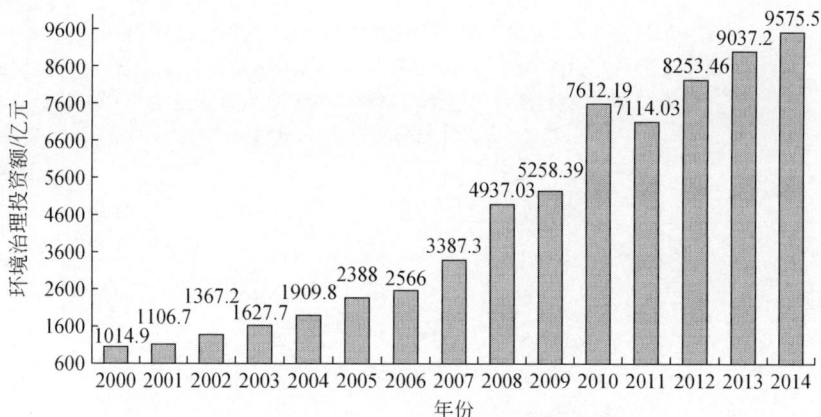

图 2-5　2000～2014 年中国环境治理投资总额

注：根据 2001～2015 年《中国统计年鉴》整理

环境保护投资的增长对促进环境治理工作，保持环境变化的相对稳定具有重要作用。世界银行认为：当治理环境污染的投资占 GDP 的比例达到 1%～1.5% 时，可以控制污染恶化的趋势；当治理环境污染的投资占 GDP 的比例达到 2%～3% 时，环境质量可以有所改善。来自中国环境科学研究院的研究认为：要使中国的环境质量有明显改善，环境保护投资需占 GDP 的 2% 以上；环境问题基本解决，环境保护投资需占 GDP 的 1.5%；环境污染基本得到控制，环境保护投资也需占 GDP 的 1%。中国 2001～2012 年的环境保护投资需占 GDP 的比例大致呈逐年增长趋势，为 1.15%～1.67%，属环境问题基本解决。表 2-5 为 2001～2014 年中国环境污染治理投资数据。

表 2-5　2001～2014 年中国环境污染治理投资数据

年份	污染治理项目投资总额/亿元	工业污染治理项目投资额/亿元	"三同时"项目环保工程投资额/亿元	城市环境基础设施建设投资额/亿元	环境污染治理投资占当年 GDP/%	城市环境基础设施建设占污染治理项目投资总额的比例/%
2001	1106.6	174.5	336.4	595.7	1.15	53.83
2002	1363.4	188.4	389.7	785.3	1.33	57.59
2003	1627.3	221.8	333.5	1072.0	1.39	65.87
2004	1908.6	308.1	460.5	1140	1.4	59.73
2005	2388	458.2	640.1	1289.7	1.31	54.01

年份	污染治理项目投资总额/亿元	工业污染治理项目投资额/亿元	"三同时"项目环保工程投资额/亿元	城市环境基础设施建设投资额/亿元	环境污染治理投资占当年GDP/%	城市环境基础设施建设占污染治理项目投资总额的比例/%
2006	2567.8	485.7	767.2	1314.9	1.23	51.21
2007	3387.6	552.4	1367.4	1467.8	1.36	43.33
2008	4490.3	542.6	2146.7	1801	1.49	40.11
2009	4525.2	442.5	1570.7	2512	1.35	55.51
2010	6654.2	397	2033	4224.2	1.67	63.48
2011	6026.2	444.4	2112.4	3469.4	1.27	57.57
2012	8253.6	500.5	2690.4	5062.7	1.59	61.34
2013	9037.2	849.7	2964.5	5223.0	1.59	57.79
2014	9575.5	997.7	3113.9	5463.9	1.51	57.06

注：2001～2014年《全国环境统计公报》整理

从表2-5可以看出，中国污染治理项目投资方向主要为城市环境基础设施建设，间接反映了中国重城市环境保护资金投入，轻农村环境保护资金投入。

2.1.2.2 治理制度现状

中国现有的国家制度在面对污染农村的面源污染中存在着空缺，这使得本来问题就非常严重的农村环境问题不但得不到丝毫缓解，而且已经呈现了变本加厉之势，具体而言，表现在以下三个方面。

（1）国家和社会对于农村面源污染严重性的忽视

作为一个发展中国家，长期以经济发展为中心，追求经济发展和GDP增长成了地方政府的首要目标和政绩考核的标准，整个社会对环境问题都没有很重视。即使政府逐渐重视到环境问题的严重性，逐步出台一些政策、采取一些措施应对环境问题，也主要是针对城市环境问题，而没有关注到农村的环境现状。在未从根本上认识到环境问题的严重性和其对资源、经济和社会的可持续发展的影响，以及农村在政策制定和资源分配方面边缘化的双重背景下，国家和社会对于农村面源污染的严重性没有给予充分认识和应有的关注。

（2）国家在资源分配、政策出台和制度安排上的缺失

纵观新中国数十年来的发展史，"三农问题"产生和加剧的过程也同时是国家在资源分配、政策出台和制度安排等方面，向城市倾斜的过程。重点发展城市

导致了农村多方面的问题，包括环境问题。现在我们国家已经着力解决"三农问题"，在资源、政策和制度上更多地向农村倾斜，突出表现为如农业税的免除等政策措施，但还需从政策和制度上给予农村环境问题以更多的重视。

（3）研究上的不足

日益严重的农村环境污染已引起社会对农村面源污染问题的关注，现有的学术研究对于农村具体的环境污染治理也提供了有效的智力支持，但是现有对于农村面源污染的研究，要么关注宏观的治理对策，要么是零散的现状描述，鲜见有系统的专门的研究，这客观上阻滞了对于农村面源污染问题的解决。

2.1.2.3 治理效果

农村面源污染具有污染面广、隐蔽性强、控制难度大、表现不突出的特点，可引起地下水和河流水域的污染，量大面广且难以治理。部分地区已经制定治理措施并实施，总体来说效果不太理想，如个别地区对农村面源污染的治理，仅仅是"治标不治本"，缓和一段时间，还会"复发"；个别乡镇和部门对农村面源污染的严重性认识不到位，措施不得力；农村面源污染的污染源分散面广，防治及监管难度大。

国家推广测土配方施肥技术，想通过改变农业生产习惯来达到治理农村面源污染的目的，但中国农村数量众多，分布广阔，由于某些限制原因，测土配方施肥技术的推广困难重重。同时国家在农村地区推行沼气建设，某些农村地区发展的沼气池建设只是解决了部分农村面源污染问题，农用化肥、农药、生活污水、垃圾的污染还是无法得到根本治理。

资金问题是制约治理的主要瓶颈。很多乡镇没有资金建污水处理厂、垃圾处理厂，此外，处理厂要有效运行也需要一大笔资金，而中国目前还没有专门用于农村面源污染的专项资金，这也使得农村面源污染的治理大打折扣。

2.2 中国农村面源污染治理存在问题

（1）农业发展方式不适合农村环境的保护

目前中国农业生产方式还是高投入、高污染、低产出的模式，这种农业发展方式已经不适合农村环境的保护。面对农村面源污染逐年加重的趋势，急需改变农业发展方式，以达到高产、优质、低成本、少公害的目的。中国幅员辽阔，村落众多，农村情况不一，因此需要因地制宜，综合考虑各地实际情况，再予以改进。政府相关支持政策，也存在如环境法律法规偏软，可操作性不强等问题；经济、技术政策偏少，实用的政策偏少，政策间缺乏协调；执法监督工作薄弱，内部监督制约措施不健全，层级监督不完善，社会监督不落实。

（2）农户缺乏主动参与农村面源污染治理的积极性

农户缺乏主动参与农村面源污染治理的积极性的原因：第一，农户追求自身利益的最大化；第二，农户环保意识薄弱。

经济主体具有个体理性，其目标就是在各种经济活动中不断实现自身利益的最大化[103]。在新古典经济学中经济学家假设经济主体具有完全理性，但是在实际中并不符合该假设，经济主体是很难实现集体理性的，而且现实中也往往难以达到帕累托最优状态。农村面源污染的主体主要是指从事农业生产经营并在农村生活的农户。目前，农户和畜禽养殖者是农村面源污染的主体。作为有限理性的农户，在农业生产过程中为了追求自身利益最大化，获得更好的单位面积产量，以获取更高的利润，就会大量的施用化肥、农药等生产资料，而且随意排放农业生产过程中产生的污染物，从而导致严重的农村面源污染，进而影响到农村水环境安全。这些过量的化肥、农药和生活污水等因径流或渗透进入水体，由于水生植物的大量繁殖，造成水体富营养化现象发生，并使农村生态环境受到污染[104-107]。在大量施用农药的同时会带来农产品农药残留量过高的问题，也会存在危害消费者食品安全的隐患。而与此同时畜禽养殖者同样追求自身利益的最大化，在大量养殖畜禽的同时，肆意排放畜禽粪便、粪尿等，不仅污染了周边的农村生态环境，更是对周围居民的生产生活带来了严重影响，致使经济主体的个体理性偏离社会的整体理性。而且由于农村面源污染的分散性、隐蔽性、随机性较强并且不易被监测、难以量化，同时又伴随着农业生产过程而产生，再加上农村的农户对农村面源污染的认识不足，特别是种植大户和畜禽养殖户等没有污染防治意识，尚未成为农村面源污染防治的核心力量，相反其行为还加剧农村面源污染。

（3）市场在农业面源污染治理作用甚微

环境保护尤其是农村环境保护本身是一项公共事业，责任主体难以判别或责任主体太多、公益性很强、没有投资回报或投资回报扶持措施不力，导致农村污染治理的市场化机制难以建立。

农村面源污染主要是农村种植业和养殖业为了增加产量而引起的，归根结底还是市场对农产品的大量需求导致的。所以，从源头上减小农村面源污染，就需要市场的引导，如通过调节加大对绿色农产品的需求，可以引导农民种植绿色农产品，减小农村面源污染。因此在农业面源污染治理方面需市场的大力配合。

（4）农村面源污染治理资金缺乏

中国经济基础薄弱，政府难以保证大规模的资金投入。"自上而下决策"的供给制度下，环境投融资机制难以建立起来，导致目前环境保护投资不足，资金使用效率偏低，有些污染治理设施不能正常运转；银行商业融资在环境保护方面的应用较弱，环境保护投资的商业化运作机制有待完善。目前，中国环境污染的治理资金大部分由政府投资，在农村面源污染治理方面，还没有专项资金，再加上农村地域的污染源分散，污染治理难以获得规模经济效应，中国农村地域目前普遍经济规模不大、平均利润率不高，吸引资金力量不强，融资困难。中国现阶段环境投融资机制在城市地域难以建立，在农村地域更是步履维艰。

（5）环保教育力度不够

在农村发展过程中，相关部门不能及时、全面地向农户有效地推广科学的种植养殖技术，使得农村一直在以传统的方式从事农业生产，盲目使用大量的化肥、农药、塑料薄膜等，既增加了农业生产成本，影响了土地的生产能力，对环境造成了严重的污染，也没有有效地提高产量。在农村积极推进农业产业化发展的过程中，没有对养殖大户进行适时、适当的指导，没有对养殖大户的资质建立适时严格的环保准入机制，缺乏对养殖大户的畜禽粪便排放管理，从而加剧了农村的面源污染。此外，农村居民的环保意识较为落后，责任追究困难。在农村发展中遵循先污染后治理的思路发展农业，片面认为只要城市的环境加强保护，农村环境不需要进行治理和保护，甚至认为发展就得以牺牲一定的环境为代价等，给农村的环境保护工作设置了障碍。

2.3　国外农村面源污染的治理经验及启示

国外农村在发展过程中，也曾经历过"先污染，后治理"的农村面源污染治理过程。本节分别从政府治理农村面源污染制定的法规和政策，政府对主要面源污染因子的治理，以及治理面源污染采取的各种手段等国外治理经验，加以归纳。选取了美国、丹麦、德国等具有典型农村面源污染治理经验的国家加以介绍，同时，也将俄罗斯环境管理和以色列依靠科技发展生态农业治理污染的经验作以梳理，为中国农村面源污染治理提供更多的参考和借鉴。

2.3.1　政府制定政策法规治理农村面源污染

国外农村面源污染的治理，主要是政府起重要作用。一方面，政府通过建立完善的法律体系保障农村的生态环境和农村发展；另一方面政府通过科技和信息网络等方式引导农户注意农化品的使用和施用，规范农户的生态行为和生态意识，实现农村生态环境的恢复和保护。

2.3.1.1 生态税收政策

（1）美国的生态税收

美国在生态税收方面制定了很多优惠的税收支出政策，例如直接进行税收减免、投资税收抵免以及加速折旧等措施。早在 20 世纪 60 年代，美国就开始了对污染控制新技术的相关研究以及对污染替代品生产的相关企业进行了所得税减免；70 年代，美国国会曾提出与生态税收相关的对排放硫化物征税的议案，首次将专门的生态税收纳入美国税制；80 年代初，美国政府正式在环境保护领域引入了税收手段，并形成了一套相对完善的生态税收政策。

与治理农村面源污染相关的生态税收主要包括，对损害地球臭氧层的化学品征收的消费税和环境收入税。环境收入税是根据在 1986 年国会通过的、并与企业经营收益密切相关的《超级基金修正案》。该法案规定企业法人应对收益中超过 200 万美元的部分进行纳税。同时还规定对臭氧层造成损害的化学品进行征税，其主要的税种包括破坏臭氧层化学品生产税及存储税进口和使用破坏臭氧层化学品进行生产的生产税及进口化学品税、危险化学品生产税等。同年美国国会又通过了另一项法令对企业减免综合资源利用所得税给予优惠。此外美国联邦政府对州及其以下地方政府的控制环境污染债券的利息以及降低污染设施的建设，净化水、气援助款等都不计入应税所得范围。从 1991 年起，分别在 23 个州对购买循环利用设备免征销售税和循环利用投资给予税收抵免扣除。大力推行 5 年加速折旧政策，支持企业采用先进的、用于治理农村面源污染的专项环保设备，允许在 5 年内实施加速折旧，并保证在使用期限内不统一收财产税。在税收优惠政策管理方面，美国执行得比较严格，各州税制中也有关于减少污染的财产税退税规定。并从总规模上对税收减免进行控制，以加利福尼亚州为例，每年有 3200 万人口的税收减免额，但税收减免总量应在 16 亿美元以内，而其中有 10% 的份额将用于环境保护方面。

美国的生态税收，管理规范，征收有序，使用科学。财政部先是将其分别划入信托基金和普通基金预算，而后再转入下设的超级基金。该基金是由国家环保局负责管理的最大的一项基金，是专门以环境保护为专项内容的基金，并在财政管理上纳入联邦财政预算内管理。在美国，拖欠、逃、漏生态税收的现象很少发生，这是由于征管部门集中、征管手段现代化水平高而形成的结果，因此，生态税收征收额呈逐年上升趋势。生态税收具有税收的无偿性、固定性和强制性的特征，其所具有的不可替代的优越性在美国环境经济政策体系中显而易见。美国在进入"后工业社会"才开始意识到环境保护的重要性，因此其在环境污染方面多为"先污染后治理"的方式。经过多年的努力，美国生态税收政策取得了良好的效果，美国的环境状况从根本上实现了好转，环境质量得到显著提升，自然灾害发生率也有所降低[108]。

(2) 丹麦的生态税收

1993 年丹麦议会通过税制改革方案，利用税收杠杆保护环境，期待在生态资源、农产的生产经营行为及产生的面源污染之间确立一定的税收标准，并依相关利益主体间进行重新分配，改革的方向是通过进行税收整体结构的调整，将税收重点从工资收入转移到对环境具有负外部性的生产和消费环节。为治理农村面源污染，丹麦对其源头进行课税，包括水资源污水、垃圾废弃物和主要面源污染因子进行征税。丹麦更是成为欧盟国家中第一个真正意义上进行生态税收改革的国家，为欧洲保护生态环境创出一条成功之道。丹麦根据环境保护的要求重新改组原有的税制结构，征收环境税，将税收重点从收入征税逐渐转移到对环境有害的活动征税。丹麦也是通过自行制定大气环保政策来降低二氧化碳排放量的全球少数几个国家之一。据相关数据统计，目前丹麦税收总额中约有十分之一来自于环境税以及与环境有关的相关税收，其中环境税主要包括能源税、二氧化碳税和二氧化硫税三大类。丹麦是欧盟国家中较早就开始征收能源税的国家，主要对煤、油、气和电征收税金，能源税的税率是根据不用燃料的能源总量来确定的。丹麦自 20 世纪 90 年代开始征收二氧化碳税，目的是促进低碳燃料在热力生产和电力生产中的应用，该税种共包括 8 项旨在提高能源效能的一揽子税收法律，其目的是在 21 世纪将二氧化碳排放量控制在现有的水平，该税的税基是每种燃料燃烧时的二氧化碳含量，税率为每吨二氧化碳 100 丹麦克朗。二氧化硫税的征收对象为煤炭、天然气和使用供应商以及使用含硫木材、秸秆和废物的企业，税率是每千克硫 20 丹麦克朗。丹麦对生态税收制度的制定和推行不仅有效地加强了生态环境保护，同时也为那些符合环保要求的企业实现了资金的积累，促进了企业的可持续发展，所以说丹麦对环境税的征收并没有影响其经济的快速发展，反而大大提高了经济效益，使丹麦在欧盟国家中成为了经济增长率最高的国家。

2.3.1.2 制定比较完善的农村环境治理政策法规

(1) 德国的农村环境整理政策法规

德国在欧盟共同农村政策的影响下，从 20 世纪 90 年代开始，制定了一系列农村环境保护政策和法规，对农产品中废弃物排放、农村农业生产设施的安装、化肥等肥料施用及销售等都做出了严格的规定。德国的农村有一套较完善的法律法规，即《种子法》《肥料使用法》《物种保护法》《水资源管理条例》《自然资源保护法》《植物保护法》《土地资源保护法》和《垃圾处理法》等一般农产品种植必须遵循的法律法规。德国根据欧盟对有机农村的相关规定分别于 1991 年和 1994 年对种植业和养殖业的生态农村管理规定进行制定并公布，制定相应的生态补偿措施，积极鼓励农民进行环境友好型农业生产，并取得了显著成效。除上述法规外，在2002年又公布了有机农村法案，对有机农村制定了更严格的标准和规定。

（2）日本的农村环境整理政策法规

日本环境治理政策法规诞生于1961年，《农村基本法》，其目的是缩小工农收入差距，以提高农民收入、提高农村生产效率为目标的农村基本法，没有涉及农村引起的污染问题。1992年日本发布《新的食物、农村、农村政策方向》，所关注的对象已不再仅仅是"农村"，而变成了"食物、农村、农业"，首次提出"环境保全型农村"的概念，并相继出台了一系列的促进环保型农村建设和发展的政策、法律、法规，积极加强环保型农村的建设和推进。发展路线也由单纯追求效率提高和规模扩大，转变为重视农村的自然循环机能和多功能型的维持和促进，政策目标已不再局限于提高农村生产率、缩小工农收入差距的"农村生产和农村生产者"层面[109]。《关于促进高持续型农村生产方式采用的法律》也称《持续农村法》。高持续型生产方式是指对增进和维持由土壤型质决定的耕地生产能力等环保的农村生产方式，包括对减少化学肥料和化学农药用量效果好的肥料施用技术及病虫害防治技术和对改善土壤型质效果好的堆肥等有机质的施用技术。农村经营者根据《采用高持续型农村生产方式指南》制定采用计划，如果农村经营者的这种技术得到相关部门的认定和批准，那么这些农村经营者就被称为"生态农业者"，并且可以在税收方面享受一定的优惠政策和金融政策。农村机械设备第一年的折旧率为30%或免除7%的税额等的税收优惠，农村改良资金偿还期限由10年延长到12年。重新修订实施的《肥料管理法》规定，原料中含有污泥的堆肥必须作为普通肥料登记。在此之前，由于销售时不需要成分标识，这类堆肥大多作为特殊肥料对待，因而有以特殊肥料的名义对污泥进行不当处理的行为。此外《食品循环资源再生利用法》等也是典型围绕环境保全型农村建设的相关法律法规。

1999年，以农村可持续发展、农业多功能发挥、食物稳定供给、农业振兴为基本理念的《食物、农村、农业基本法》诞生，这表明农村经济价值以外的非经济价值也得到重视。同年统称"农村环境三法"的《家畜排泄物法》《肥料管理法（修订）》及《持续农村法》开始实施，目的是为了进一步防治农村环境污染，促进农村自然循环机能的发展，这体现了国家在农村价值观方面发生的根本性变化。到此时，《农村基本法》正式退出历史舞台，该法律曾指导日本农业生产达38年之久。作为促进措施，并设定了固定资产税的特例（五年课税标准减半），规定对堆肥化设施等的所得税和法人税进行16%的特别返还。旨在加强畜禽排泄物管理和促进其利用的《家畜排泄物法》，禁止在野外堆积或者直接向沟渠中排放畜禽粪便，规定了对一定规模以上的农家要用非渗透性材料建设畜禽粪便保管设施，而且要有侧壁，且适当覆盖。2001 年以来，进口蔬菜农药残留超标、疯牛病在日本出现、禽流感在亚洲国家相继发生，消费者对食品安全和环境问题空前关注。2004 年 1 月召开了食物、农村、农村政策审议会，在这次会议上"经营安定对策跨多种作物的支持政策核心经营者与农地制度改革"与"农村环境、资源保全政策"相并列，作为主要议题被提出，日本以此为契机制定了新的农村环境政策。在讨论农村政策基本问题时，正面提出环境问题，日本农村政策朝着农村环境政策迈出了第一步，这在日本农村政策历史上是不曾有过的。新的"食物、农村、农业基本计划"在 2005 年 3 月，由日本内阁会议讨论决定。该计划提出使日本制定了农村全面向重视环境保全型农村发展转变的方针，提出了农村经营者生产经营活动的最低限度，并提出了《与环境调和的农村生产活动规范》。该生产活动规范主要包括自 2007 年开始制定相关的支持措施，根据对环境保全非常有必要的地区进行实地调查结果制定支持措施。《农村环境规范》主要分为作物和家畜两大部分，在实施过程中不强制执行，完全由农村经营者进行自主实施和自我审查。为促进与环境调和的农村生产活动，并以此作为可享受政策型贷款、政府补贴等支持措施的必要条件。

（3）俄罗斯的农村环境整理政策法规

俄罗斯环境治理政策法规比较健全。俄罗斯联邦总统和俄罗斯联邦政府也分别以指令和联邦政府决定、联邦总统命令、指示的形式颁布了许多关于保护环境的规范性法律文件。如《俄罗斯联邦可持续发展的基本构想》《俄罗斯联邦关于保护环境和保障可持续发展国家战略基本条例》《国家生态鉴定条例》《关于建立统一的国家生态监测系统的决定》等。俄罗斯相关环境法学家们认为环境权利是属于公民基本权利范围的，而在俄罗斯人的权利和自由具有最高价值，是至高无上的。《俄罗斯联邦宪法》首次明确了俄罗斯公民的环境权利，具有极其重要的政治意义和法律意义。在该宪法中明确规定，每个人都有享受良好的环境、获得关于环境状况的信息的权利，享有因生态破坏损害其健康或财产而要求获得赔偿的权利。它们不仅在俄罗斯境内直接有效，决定着国家立法权、执行权以及地方自治的活动，还决定着国家法律的意图、内容及其适用，并受到国家的司法保护，国家有义务对公民权利和自由的实现提供保障，这其中包括公民环境权利的实现。俄罗斯公民的环境权利要求国家有义务保护环境，并及时向公民发布相关国家环境状况方面的信息。除了《俄罗斯联邦宪法》，俄罗斯还制定和颁布了大量保护环境的专门性联邦法律。《联邦森林法典》《联邦土地法典》《俄罗斯联邦环境保护法》《联邦居民卫生防疫安全法》《联邦居民健康保护立法纲要》《城市建设纲要》《联邦大气保护法》《联邦森林立法纲要》《联邦地下资源法》《联邦外层空间活动法》《联邦特殊保护的自然区域法》《联邦居民辐射安全法》《联邦自然医疗资源、医疗保健地和疗养区法》《联邦水法典》《联邦原子能利用法》

《联邦动物界法》《联邦生态鉴定法》《联邦生产废弃物和消费废弃物法》《联邦关于安全使用杀虫剂和农用化学制品法》《联邦遗传工程活动国家调整法》等。此外俄罗斯还制定了生态鉴定制度，并颁布了《俄罗斯联邦生态鉴定法》。生态鉴定是俄罗斯为了更好地保护自然生态环境，加强环境安全保障而制定的一种预防性措施，是俄罗斯执行生态监督职能和环境管理职能的重要手段之一。在《俄罗斯联邦生态鉴定法》中对生态鉴定进行了明确的界定，生态鉴定是指查明拟进行的经济活动与其他活动是否符合生态环境要求，以防治这些经济活动对环境产生不良影响甚至是危害环境安全，并对是否准许生态鉴定对象实施这些经济活动进行确定。

2.3.1.3　实施生态补偿政策

德国政府采取了农村生态补偿方式，农民自愿参加农村环境保护补贴，参加的农民要在今后的至少五年内都要遵守环境保护的相关规定。农村生态补偿对环境的影响向着有利于环境保护的方向发展，是通过给予一定的补贴以鼓励农户保护环境。德国农村政策中对农村生态补偿的相关规定主要特点是，补偿一般与相应的环保措施挂钩，并且这些环保政策均为实质性环保措施。生态补偿主要通过农场主完成政府的某些项目，政府为保障项目具有一定的延续性而支付农场主一定的补偿。保护项目的实施是通过政府与农户达成协议的方式实现的，而农村生态补偿政策的实施则是以补偿、通过政府购买的方式来实现，政府根据土地的不同用途，分别对每公顷土地给予最高 450～900 欧元的补贴。政府通过补偿鼓励农民积极采取环境友好型生产方式，以促进农业生产方式和生产结构的转变，从而实现对农村生态环境的保护。其中欧盟对属于欧盟政策范围内农村环保措施提供补贴，补贴的计算基础是采取农村环保措施所需要的经费和之前的收入。另外，目前在德国的一些州环保型土地已达 60% 左右，政府依然对土地实施生态补偿，因此农户仍可以获得政府的生态补偿，而且如果农户另外参与环境保护项目则还能获得相应的生态补偿。德国农村生态补偿类型可分为三种类型：一是对多年生作物放弃使用除草剂。生态系统服务具有公共物品的特征，政府主要承担了生态服务这类公共物品的供给，目前德国政府在对多年生作物放弃使用除草剂所针对的多年生作物主要是各种水果如葡萄等。二是粗放型草场使用，包括将耕地变为粗放型草场。主管部门的要求是，大幅度减少肥料和农药施用量，草场载畜量不超过每公顷 1.4 个大牲畜单位，最少不少于 0.3 个大牲畜单位，并不转变为耕地。三是发展有机农业。整个农场的生产活动必须全部按照有机农业的标准，所有产品要符合生态农业标准，主要包括种植业和畜牧业的产品，并贴有机食品的标签。目前，德国的有机企业均加入相关协会，协会统一有机农产品标识，定期对农村有机企业进行抽查，规定规范化生产模式，不遵守有关规定的要给予惩罚。目前德国的主要有机农产品检测机构主要为私营企业，这些企业经过政府的认可，即可对有机农产品进行检测，并对检测合格的产品颁发证书。目前德国已拥有大约1.7万个有机农场，其总面积为8万hm^2左右，分别占全国农场总数的4.2%和总面积的4.7%。对于目前德国发展较快的有机农村，农村部门提供免费的咨询和技术服务。根据欧盟的相关规定，政府相关部门每年都要对农村有机企业进行一次较为严格的检查，经检查核实后，每年5月15日接受农村有机企业申请，将有关情况和数据存档，并发放补贴。有机农产品一般由社会检测机构按标准进行认定，提供收费服务。同时，原来没有明确支持办法的环境措施也明确了支持补贴，德国还不断提高对农村环境措施的援助强度，如能源作物每公顷补贴45欧元。德国通过实施欧盟农村环境保护相关的法律法规以及农村生态补偿政策，明显改善了其国内的农村生态环境。例如氮在农村总产品中的利用率从1980年的27%上升到目前的70%～80%，氮的利用率明显提高，已经接近最大值，明显缓解了氮素环境污染的程度。此外德国发展有机农业，虽然肥料的施用量减少了9%，但是粮食产量仍然增加了5%。德国政府推行农村环保补贴措施对保持粮食综合生产能力和耕地质量的保护发挥了重要作用[110]。

2.3.1.4 实施"绿箱"政策

"绿箱"政策的提出使得WTO的成员国能够通过间接措施来加强本国农业的发展，不仅加快了世界农业的改革进程，也对各成员国社会目标的实现提供了支持。同时该政策实施还保障了美国在削减其他国内农业支持政策实施的同时，仍能够保持本国农业的可持续发展。而且美国在实施"绿箱"政策的同时，通过加强农业基础设施建设，如大型水利工程的兴建与维护，以及农业的休耕、限耕等能够有效提高土壤品质的措施，积极改善农业生态环境、加快发展农业高新技术，积极促进本国农业的快速可持续发展。日本通过实施"绿箱"政策有效地稳定了农业生产者的收入，并为食物在资源匮乏条件下的稳定供应提供了有效保障，也有效地促进了国土、环境保护等公益机能的维持和增进，此外"绿箱"政策实施过程中生产者与消费者的交流和沟通也为地区经济的振兴提供了有力支持。与此同时，日本还制定了一系列的措施加强农业基础设施建设、农业机械化发展以及农产品的加工、包装和流通产业的发展，有效地提升了日本农业的生产效率，促进了日本农产品国际市场竞争力的提升。20世纪80年代中后期，欧盟出现了农产品在高价格支持政策和补贴政策等政策支持下的农产品大量过剩现象，这种大量过剩不仅导致了欧盟各国农业预算和国内农产品库存的增加，也使得欧盟农产品在国际市场中的份额有所下降。在此之后为应对这种现象，欧盟加大力度实施"绿箱"政策，降低农产品的支持价格，进一步强化农业环境保护政策，并实施部分不挂钩的直接支付和农地休整政策，通过这一系列"绿箱"

政策的实施，有效地缓解了欧盟国家的农产品大量过剩现象，促进了农产品国际市场竞争力的提升和农业、农村的全面发展。

2.3.2　政府对主要面源污染因子的治理

（1）美国对农村生产生活污染的治理

早在20世纪30年代，美国各地就先后通过相关的法规禁止使用敞开式的简易厕所。美国自来水普及较早，禁止使用简易厕所后，居民可以在家中安装使用抽水式马桶。农户通过在地下建设水泥化粪池或安装玻璃钢化粪罐（由于玻璃钢化粪罐轻便、结实、耐用，其逐步成为主要的粪便收集器），并在其中定期放入特殊的发酵菌种，对粪便进行处理。粪便与生活污水在化粪罐中进行发酵，粪便与污水中的固体物质不断减少，在发酵菌种的作用下产生近乎于清水的液体，这些液体可直接排入地下，并渗入土壤中而不会对土壤及地下水造成污染。值得一提的是，在这种背景下美国要求其生产的所有厕纸在排入化粪罐后都能进行分解，并且化粪罐与水井等饮用水源保持合理距离，以保障饮用水的清洁、卫生、安全。这种化粪罐一经安装便可以供至少一户人家连续使用20年，在化粪罐达到使用年限后还有专门的机构对化粪罐中的固体物质进行清理。也就是说美国的生活垃圾最终是被专门提供相关服务的公司所承担，而且大部分此类公司的员工都是农户，农户在进行农业生产的同时，还对固定区域内居民的生活垃圾进行集中收集和处理，从而有效地保护了农村的生态环境。

（2）丹麦对农村生产生活污染的治理

丹麦是世界公认的资源利用效率高、经济发达、环境保护好的可持续发展国家之一，是全世界环境保护的楷模。《2005年良好农村行业标准》（由农场主组织阐述）有以下十方面内容：一是生产的开放性；二是采用公正的咨询服务体系；三是保证产品的高质量水平；四是使用肥料、农药、兽药及能量时要考虑环境和健康；五是只使用批准的低毒无害的农药和兽药；六是综合利用最合理的作物育种、轮作、自然抗性以最少量地使用农药；七是配方施肥确保土壤的肥沃和田地的恢复；八是关注动物福利；九是充分考虑地表和地下水的重要性；十是积极保持乡间的生物多样性。

对农村生产的治理。丹麦对农业生产中农药、化肥等化学品的使用制定了施用标准。家畜肥料在使用前，必须经过发酵处理才能施入到农田，目的是防止家畜肥料污染地下水和土地。丹麦农村咨询中心通过相关的计算机系统对农场的化肥用量进行跟踪，每个农产都建立专门账户，肥料账户记录施用的自然肥料和合成肥料的数量，政府对每个农场近五年的化肥施用计划指标（与轮作表相协调）

进行控制。一般来说，农田的养分配额是根据不同作物的养分需求标准值降低10%确定的，而该养分需求标准值则是根据土壤类型、前茬作物、预期产量、冬季降雨量（占全年40%）和作物质量标准确定的。氮肥过量对地下水造成污染，对作物质量也有影响。磷易在土壤中积累，磷过量造成水体富营养化，所以规定有机肥料的最大施用量为每公顷140~170kg；氮按照不同的施用技术并结合国家相关养分配额政策施用不同含氮浓度的化肥，一般用作物所需的养分配额减去有机肥料中可利用的氮肥量，就可以计算出所需要购买的氮肥的浓度与比例，一般喷施为45%，细管表面施肥为55%，集中深施（深度5~6cm）则为65%。出于同样的目的和原因，丹麦政府对农药和化肥的施用时间、种类和数量也有明确规定，化肥使用的种类和数量由政府部门提出参考标准，农家肥施用要在春秋两季，农户只能低于标准使用，绝不允许超出标准。政府要求每户农民都要在相关政府主管部门进行注册登记，并如实上报相关材料，在农业生产中及时记录肥料的使用数量，包括记录自己施用家畜肥、化肥的数量和时间以及天然肥料和合成肥料的配比，并要将这些数据通过农场环境网络向农业部门报送，以便政府能够及时全面的对农民的肥料使用情况进行了解和监督。

为了减少农药对地下水的污染，丹麦政府早在1986年就开始推行减少农药使用的行动计划，丹麦政府禁止使用含杀虫剂和除草剂在内的100多种农药，并对农药的施用情境制定了详细的规定。丹麦向社会公开了一份包括200多种需要减少施用量的有害化学物质的清单，并尽可能限制这些农药在任何地区的使用，丹麦政府的目标是完全取消生产最危险的农药。此外，1997年丹麦成立了一个专门委员会，其任务是负责评估近十年农药逐渐减少使用后的整体效果，并要求新型农药必须经过严格的审批才能投入市场。丹麦政府通过农膜的限制使用，使农田仍基本保持自然形成的基本地形、地貌，有效地避免了人为因素对土地等农田生态环境造成的污染和破坏。

丹麦法律规定，为稳定农村的经济基础使农村充满活力，凡购买30hm²以上农场的农场主必须接受五年的正规培训以获得绿色证书，而且农场主还需要获得植物保护证书才有资格进行农药喷洒作业。丹麦植物生产严格遵循作物轮作表，农场土地至少保证有10%休耕，一般每块耕地4~5年的作物轮作表提前上报给农村组织。政府在每年10月20日对冬季绿色覆盖率以及填闲率进行界定，一般来说，政府要求在冬季至少有65%的耕地要种植绿色农作物，以便有效地减少土壤中的氮损失，要求绿色覆盖率达到65%，要求填闲作物面积达到6%，休耕面积和粮食作物面积可享受欧盟补贴。当作物遇到病虫草害时，在专家指导下农场主可在某种程度上使用限制的除草剂和农药类型。

对农村废弃物治理。丹麦从1992年就开始制定并实施农村废弃物排放和循环利用规划。对农村固体废弃物的管理主要采用法案、传单、部长指令等传统方式，同时辅以税收、附加费、项目支持、协议等手段来加强管理。依照法规要求各地方政府同时制定地区性规划，广泛征求社会各方面的意见，而且规划要公示，且规划一经颁布，必须严格实施。丹麦将从源头上减少废弃物的产生作为废弃物管理的重要原则，重点加强废弃物的回收再利用，1997 年丹麦对可燃性废弃物的处理制定了详细的规定并执行至今，规定多余的可燃性废弃物都要进行能源回收，确实无法回收再利用的进行焚烧产能，禁止直接填埋，焚烧产能后才能采取填埋的方法进行进一步处理[11]。丹麦的废弃物处理过程中回收利用比例超过 60%，焚烧比例控制在 20% 左右，填埋的比例只有大约 10%。丹麦畜牧业产值占农村总产值的 90%，是一个现代饲养业非常发达的国家。虽然丹麦的养殖业如此发达，其数以万计的养殖企业遍布全国，但无论整个丹麦的城镇环境，还是饲养企业周围的局部环境都十分整洁干净，这归功于丹麦政府对废弃物污染和养殖业的有效管理。农场主所拥有的家畜数量与他所拥有或租赁的土地之间，必须有一定的关联，也就是说，农场主拥有的畜禽越多，所拥有的土地也必须越多，即"协调需要"。丹麦政府规定，1 个动物单位相当于 1 头奶牛或 3 头母猪或 30 头育肥猪或 2500 只肉鸡。猪场（至少 60% 的动物单位为猪）每公顷最大载猪量为 1.4 个动物单位；奶牛场（至少 60% 的动物单位是奶牛）每公顷最大载奶牛量为 1.7 ~ 2 个动物单位，只有拥有 70% 以上的农田生产粗饲料如玉米、牧草等，可允许达到 2 个动物单位，农场不得超过 500 个动物单位。政府要对动物单位达到 250 个农场分析农场对环境的影响，并根据评估结果决定是否允许扩大养殖规模。政府要求农场主加强对畜牧废弃物的施用和储存。不得在冻土或被雪覆盖的土地上施用粪便，为保证较少量氮的渗漏，农场必须有储存 9 个月、至少 6 个月的畜禽及其他废弃物的设施。化粪池或沼气池上必须要有坚固的顶部覆盖物，粪池产生的沼气还可用作农场的能源，等到春季作物生长最旺盛、养分利用率最高时，用无杂草种子、无臭味、无寄生虫的沼液、沼渣进行施肥，并要求农场保证沼液在用后 6 小时内要被土壤吸收，而沼渣于施后 12 小时内要被土壤吸收。

（3）德国对农村生产生活污染的治理

对主要农化品的治理。德国对污泥肥料的使用和化肥销售都制定了明确的规定，禁止在一、二级水源保护区内施用污泥肥料，经有关机构批准后可在三级水源保护区内施用；只允许运输、批发和销售经过相关部门批准的、对环境无污染的、对人畜健康无害的、并能够增加土壤肥力的化肥。家禽粪及粪水肥料施用必须保护水源，要求在当年 10 月至次年的 2 月底，地下水重新形成期间不得施用。污泥既是污染源，又是污染物，如果处理不当，会对资源环境造成很大影响。德国对污泥用作肥料作出了的规定。禁止在农田、绿地、林地、饲料田等施用未经发酵或可能有疫病的污泥。在德国若想将污泥作为林地、农田、菜园的肥料，必须要经过 6 个月的发酵，详细检查污泥的主要营养元素与重金属含量，并在确定 pH 和重金属含量符合规定后才能施用。污泥干物质肥料的施用，一般情况下，3 年每公顷不超过 5t。控制农村种植施肥量，农村施肥量的最高限度为每公顷每年 3 个施肥单位，而施肥单位是指一定数量的畜禽在 1 年内所产生的肥量，这样可以避免危害生态环境。

保护农田资源采用少耕和免耕法。由于常用的耕犁方法不但不能改良土壤表层结构，反而在重型机械作用下，会使土壤表层结构造成压实和破坏，特别是对植物根系和土壤中的生物有明显破坏作用。德国的牧草品种经多年研究选育，对改良土壤起到良好作用，一些多年生牧草根系入土 3m 多深，可以有效地把土壤深层的营养物质吸收到上层。因为土壤中有机质含量在 3% 左右，有的甚至高达 5%，所以一般牧场都种植牧草。

在农场中安装各种设备时，注意保护环境。德国对设备安装有严格的程序和要求，由于农场的生产设施对农村生产率的提高有着至关重要作用，并与资源、环境之间也存在制约关系。施工过程中不能破坏环境，不能对公众和邻居造成严重后果和干扰，不能有害于生命。因此，农场所属地块中的一切固定和非固定设备的安装，都需经过管理部门批准后，方可动工安装。设备完成安装后，要积极做好善后工作，将安装后的剩余材料要按照无害、无毒的规定进行消除，以防止剩余材料对环境造成污染。畜禽建筑要经县以上农业局批准，有着非常明确的安装规定，如果是鸡猪混养农场，要按照 1 头母猪位等于 30 个蛋鸡位、3 头育肥猪位、60 个小鸡或育肥鸡位计算，并按照相关的条款内容进行设备安装。

饲养和繁育家禽的设备 14 000 个小鸡位、不可超过 7000 个蛋鸡位或 14 000 个育肥鸡位。养猪设备不可超过 250 头母猪位或 700 头育肥猪位。德国对耕地资源及其环境保护相当重视。规定农场的居住区与畜舍和森林的最近距离不得少于 100m，粪水必须贮存在密封且无渗漏的贮罐内，畜舍按规定标准安装通风设备，并应存放 6 个月以上方可施用。

德国农村在精确计算、长期观察的基础上，经过不断实践，考虑有限利用原则和发挥所有因素的作用，最终拟定综合的、经济的经营管理方法。在田地和环境治理方面，内容涵盖广泛，甚至还包括了田埂和道路的治理等内容；在农村企业规划和经济管理方面，把土壤资源调查和气候资源调查也列入其中；在品种的选育上，注重了种质资源的品质、产量和抗逆性；利用有机肥和无机肥的最佳结合，防止化学元素过量，在土壤中积累，产生有害物质；采取人工、生物或化学防治相结合方法，对植物进行保护；在栽培和土地利用方面，采取轮作方式，科学利用土地资源；在耕作方面，通过少耕或免耕法去保护土壤结构。无论管理所涉及的部门或监管程序，都突出体现出对农村环境和农村资源的保护[112]。

对农村废弃物的治理。德国规定，对废弃物的排放不应对公共环境造成任何不适。不能影响水源、土壤资源和植物生长。不能影响人身健康和鸟类、家畜、野生动物及鱼类的生存环境。人们对产生废弃物者有排除的义务，如果忽视排除义务，另有条款作保证。排放物中不能有废气和噪音出现，要符合保护自然、农村生产和城市建设等项要求。对动物尸体和尸体所属部分以及动物产品的排除规定，不能使水源、土壤和饲料受到病原菌和有毒物质的污染，不能危害周边生态环境、不能影响人畜安全、不能对民众的安全及其正常的生活秩序造成威胁。政府在加强环境保护、农村经营管理及城镇建设过程中，要对动物尸体排除和农作物无用部分排除制定明确的规定，并成立专门的机构、使用专用设备进行排除。农作物无用部分由于其腐烂气味容易污染环境，因此农田中农作物的无用部分要及时采用堆制、坑埋以及翻压等方法排除，不能在土壤中分解的部分，可在星期一~星期五早6时~晚6时，星期六8时~13时烧掉。燃烧地点距学校、医院、幼儿园、养老院等300m以外，要距离房屋建筑50m，距停车站、加油站、候车室等公共场所100m以外[113]。

（4）日本对农村生产生活污染的治理

作为环境保全型农村发展主体的日本农村生产者，在关税和价格支持逐步削弱的情况下，从自身利益出发对发展环境保全型农村的必要性也有着充分的认识。建立环境保全型农村摆脱传统集约型生产方式。从现实看，农村发展的最佳出路是积极发展环保型农村，并提高农产品的竞争力；从长远看，如果农村自然循环机能被破坏，农村本身将不复存在。环境保全型农村主要分为以下三类。一是有机农业型。其主要措施包括选用抗性作物品种，采取物理和生物措施防治病虫害，利用秸秆还田、施用绿肥和动物粪便等措施培肥土壤，保持养分循环，防止水土流失，采用合理的耕种措施保护环境，保持生产体系及周围环境的基因多样性等。在生产中不使用化肥、农药、饲料添加剂和生长调节剂等物质，不采用通过基因工程获得的生物及其产物，而是在遵循自然规律及相关生态学原理的基础上，通过采用一系列的促进农村可持续发展的相关技术，实现种植业与养殖业的平衡，并保持农村农业生产过程的持续稳定。二是再生利用型。对农村产生的废弃物进行再生利用，通过充分地利用当地的有机资源，减轻环境负荷。例如，日本菱镇通过循环经济方式治理农村面源污染，主要是将污水经处理后得到的再生水用于农村灌溉、将经堆放发酵的家畜粪便就地还田用做农田的肥料使用等，这都是充分利用农村再生资源的措施，如图2-6所示。三是减化肥、减农药栽培型。确定环境容量和环境标准，主要是利用已有技术在保证单产、保证产品品质不下降的前提下，合理减少化肥、农药的使用量，控制环境容量内农村生产对生产技术环境、农村环境的影响，以减轻农村生产对环境的污染和降低食品中有毒物质含量。通过有效利用土壤诊断技术，施用缓效性肥料，形成病虫害观测预防体系和机械除草体系等。

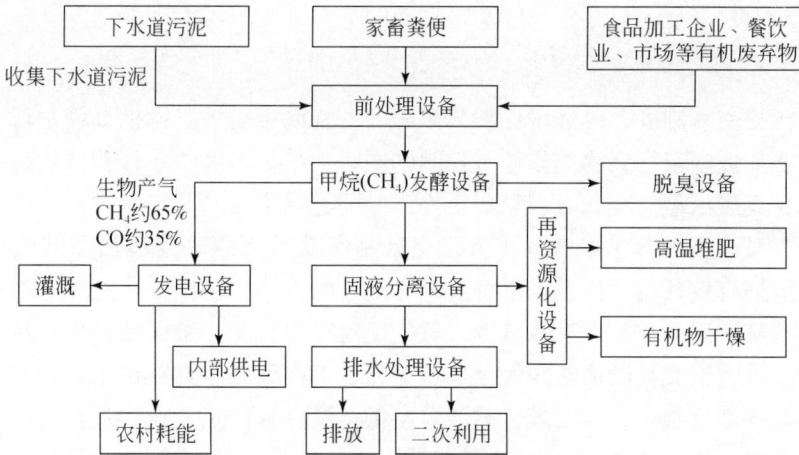

图2-6　日本菱镇资源循环型模式

2.3.3　对农村生态资源的多中心治理

德国注意保护农村资源，并提倡爱护生态环境人人有责。德国在法律中对危害农村生态环境的行为做出了具体的规定：对于不按照机器设备操作规程使用并造成自然空气成分改变的行为，特别是由于油气排放、粉尘排放以及蒸汽或特殊气味造成的空气质量发生改变，且对人畜、植物及其他生物造成危害或由于噪音对他人造成干扰的行为处予5年监禁或罚款；对违反相关法律法规的规定对水资源造成污染或造成水质改变等不良后果的行为处予5年监禁或罚款；对违反排污规定，排放有毒物质或易导致传染病的物质，并有可能对人畜安全造成威胁，且有可能污染水源、空气、土壤等生态环境等行为处予3年以下监禁或罚款。除了法律规定以外，还有一整套政策措施来促进和保证环保型农村和生态型产品的发展，以达到农村可持续发展的目的。德国还规定在保护区中采挖面积大于30m²石料、泥灰、砂、胶泥等采挖工程要得到自然风景保护局的批准才可进行施工。在自然风景保护区中要对野生植物和动物进行保护，为它们提供生存条件。德国风景区内的沼泽地、灯心草多的湿地、芦苇丛、露天堤坡、灌木林和刺柏林、露天自然岩石和卵石坡、矮树丛林等不允许破坏，游客更不允许进入道路以外的地方。

2.3.4 运用经济手段治理农村面源污染

（1）美国排污权交易制度

排污权交易制度，是环境保护政策中的一种以市场为基础的经济手段，主要是为了在加强国家污染物质排放量控制的同时，鼓励各经营单位积极进行技术革新以减少其排污量。在20世纪70年代，美国通过了《清洁空气法》，并于90年代初期，对该法进行了修改。排污权交易制度就是在修改《清洁空气法》时所建立的能够有效利用经济手段以解决环境问题的方法，主要是在法律上对二氧化硫排出权交易制度化，以有效减少二氧化硫的排放，防止酸雨的产生。从实施的过程看，排污权交易制度是为保全环境事先设定废气的容许排出量，如对二氧化硫的排出量进行限定，对二氧化硫的限定排出量在各法定企业中进行分配，以法律形式确定二氧化硫排出量超过容许排出量的企业，这些企业可以向其他保有者，用高价购买其剩余容许排出量的制度。美国《清洁空气法》规定了排污权的交易，一般是通过出售、转让交易、储蓄、拍卖等交易方式[114]。《清洁空气法》第416条规定，为保证容许排出量在市场上能充分发挥其有用性，环境保护厅长官举办容许排出量的拍卖以及直接出售活动，并规定容许排出量的种类、数量以及拍卖的年度。排污权的转让交易是指容许排出量可以在排出削减对象设施的指定代表、容许排出量的保有者或其他人之间进行自由转让。《清洁空气法》第403条明确规定了排污权转让的主体及转让的程序等。同时容许排出量的转让交易只有在美国环境保护厅长官对交易当事人双方已签名的转让证明书进行记录后，才发生效力；同时由环境保护厅长官公布容许排出量的记录、发行、跟踪系统以及容许排出量的交易系统，而且容许排出量的转让也可发生在其发行之前，但是不能在容许排出量发行之前使用。容许排出量所有者可以将被分配的年度没有使用完的容许排出量储存起来，以备将来使用。通常是在每年的年末对当事人是否遵守转让协议进行判断。

实践证明，美国通过采取排污权交易制度从整体上有效地降低了污染物质的排出量。一方面，获得排污权的企业通过自身减少二氧化硫的排放量而产生多余的容许排污量，企业就可以将这部分容许排污量进行出售而获得一定的经济回报；而另一方面，二氧化硫排放量常高于政府规定的容许排污量的企业可以通过有偿购买的方式获得其他企业多余的容许排污量（排污权），即买方支出的昂贵费用实质上是外部的不经济性的代价。目前德国、英国、澳大利亚等国都不同程度地对美国的排污权交易制度进行借鉴，并取得了显著的成效，有效地减少了二氧化碳、二氧化硫等气体的排放量。

（2）丹麦财政补贴政策

风能、太阳能、生物质能等可再生能源的发展离不开政府的财税扶持政策。目前丹麦每年约有 2800 万 t 标准煤的可再生能源消费量，占总能源消费的 10% 左右，其中可再生能源中生物质能达到了 80% 以上。小麦、大麦、燕麦和黑麦是丹麦主要的农作物，因此其具有非常丰富的秸秆资源，过去农作物收获以后大部分秸秆都直接被农场主就地焚烧，只有一小部分的秸秆用于还田或作为动物饲料。后来丹麦对秸秆发电实行免缴环境税的政策，这样可以减少生物能源的严重浪费，也降低了对交通的影响和环境污染。目前丹麦就以生物质为燃料建设了多个热电联产项目。欧洲著名能源研发企业丹麦 BWE 公司率先研发了秸秆生物燃烧发电技术，有效地利用秸秆等可再生能源，运用此技术 1988 年世界上第一个以秸秆为燃料的生物质能发电厂在丹麦建立起来。为鼓励农民给电厂提供原料，丹麦政府规定，农民每卖 1t 秸秆就能得到 400 丹麦克朗，因为炉灰是很好的钾肥，所以农民还能免费得到电厂返还的 40kg 炉灰，这项措施使秸秆资源得到了较好的循环利用。目前仅丹麦就已经建成 100 多家秸秆发电厂，而且以木屑或垃圾为主要材料的发电厂可以利用秸秆发电；丹麦已经具备了成熟的秸秆发电技术，并被联合国列为重点推广项目，秸秆发电技术将被越来越多的国家采用。

2.3.5 运用科技手段治理农村面源污染

以色列有一半的国土是沙漠，相对于其他国家来说，其农业自然资源和环境条件较差，但就是在如此恶劣的农业生态环境下，以色列通过技术革新使农业的基础设施和生态环境得到极大的改善，把农业发展成为国民经济的一个重要产业。

（1）建立高效农业

以色列主要利用充足的太阳能，发展计算机控制的温室农业。以色列的农村温室主要用来生产蔬菜、水果，种植花卉、养鱼等。温室的投资回收期很短。这种温室具有非常突出的优势，它既充分利用了光能，又实现了自动控制，通过计算机自动控制植物生长，包括光合需要的水、肥、热、光、二氧化碳、氧气等因子。因此，生产的花卉、蔬菜、水果或者鱼，质地多是优良的，并在国内市场和国际市场上有很强的竞争优势。虽然温室农业的成本很高，但由于产出的农产品质优价好，整体而言，种植者的收益也是十分明显的。以色列的温室农业是荒漠地区实现可持续发展的一种成功且非常有效的形式，也是以色列推广应用的最为普遍的技术，具有广阔的发展前景。以色列高效农村的成功也有力地说明，农业并不是弱质产业，它完全可以适应国民经济发展现代化的需要，创造出很高的社会经济效益。建立高效农业是以色列农村发展最为成功之处，不仅走出了以色列农村现代化发展路子，而且为世界农村的发展提供了成功的范例[115]。

（2）针对难点开展科技攻关

以色列农村发展取得成功的关键是依靠科技解决农村发展中的一系列问题。没有科技的进步，就不可能有以色列现代化的农村，也不能在世界农村发展中占有一席之地。以色列农村科技主要突出表现在以下方面。以市场为导向，进行农产品生产技术的科技开发。在市场经济的国家里，科学发展、科技进步离开了市场，就没有发展的动力。因此，以色列的农村科技是紧紧围绕市场进行的。在植物研究开发方面十分重视品种的特殊品质优势、季节优势和质量优势，他们发挥了沙漠地区的自然优势，保证了以色列农产品和植物开发研究技术一直处在国际市场最前列，而且每年向世界各国出口大量的高科技的农村技术项目，取得可观的经济效益。选择有较高市场价值的水果品种进行研究，如他们开发了一种被称之为"冰激凌"的仙人掌果树，这种水果不仅耗水少，口感很好，同时产量和其他水果相近，市场上每棵可达到 3 美元。几十年来，为了提高荒漠的产出，以色列科技工作者将世界作为他们的实验室，有针对性地研究沙漠植物，通过派出科技人员前往世界各地和国际组织，并将世界上干旱地区有价值的物种都收集回国。而后以色列的科技工作者和农民紧密结合共同研究开发了荒漠植物资源，主要包括广泛地开展引进物种驯化工作，取得了丰硕成果。

（3）建立门类齐全的研究机构

主要研究机构包括了农村的各个方面，大田及园艺作物研究所，从事自然资源和种子研究。以色列的农村研究机构具有门类齐全、科技水平高、技术先进等特点。园艺研究所从事土壤物理、化学和植物营养、农村气象、土壤学及土地利用研究。动物科学研究所从事肉牛及家禽研究。植物保护研究所从事植物病理和昆虫学研究。海发技术大学从事景观、荒漠建筑及生态学研究。耶路撒冷希伯莱大学从事林业园艺、昆虫学、土壤科学、地理学、农村植物、植物学等研究。内盖夫本古里安大学的布劳斯坦沙漠研究所和应用生物研究所从事水资源管理、荒漠开发、引种选育、灌溉技术、人工造林、流沙固定、天然林维护、废水利用、资源合理开发干旱地区自然保护区、荒漠文化古迹旅游等。为以色列农村发展提供科技指导，还有六个不同的区域试验站，这些研究机构积极参与不同的试验项目。在沙漠地区建立了种植资源库。20 世纪 60 年代以来，以色列的内盖夫本古里安大学应用研究所就相继从世界各地引入了 1000 多个树种进行驯化，以使更多的植物能够更好地适应沙漠气候。要开展引种驯化，同时结合开发，对其适应性进行观察，研究植物的利用价值，再将研究成果及有开发价值的植物通过试种示范和推广机构，再向农民推广。比如成功地从墨西哥和美国引种了霍霍巴和从澳大利亚引进各种桉树品种加以驯化，目前已在许多农庄大面积种植，且收到了良好的经济效益。开展了植物杂交，利用现代生物技术培育出抗盐碱、耐干旱且具有一些优良性状和适应性的新品种，并可以获得较高市场占有率。通过基因工程培育出新西红柿品种，产量高，适合欧洲人对西红柿口感的喜好，不仅可以连续收获 6 个月左右，而且储存时间可达 20 多天，在欧洲市场很受欢迎。以色列通过创办专门的基金，支持试验示范基地建设，以项目课题为主，采用边示范、边研究、边推广的方式展开，因此以色列的农业科技研究、农业技术示范及推广基本是同步推进的，实践证明这种方式也是非常成功的。

2.3.6　发展循环经济治理农村面源污染

丹麦在过去的 30 年中，实现了 GDP 的翻番，不仅没有增加能源的消耗，反而大幅减少了污染物的排放，成为世界上能源利用率最高的国家之一。丹麦实际上是实施循环经济最早的国家之一，早在 20 世纪 60 年代末，著名的卡伦堡生态工业园就初具雏形。历经 50 多年的发展，其规模和影响力不断扩大，已经成为发达国家和广大发展中国家实施区域循环经济、发展循环经济的传统典范。在丹麦，风能发电已占丹麦电力总量的 22%，预计到 2030 年，丹麦 40% 的电力将来自风能。而在西北部地区，这个比例甚至可达 100%。人们在丹麦不时看到一排排银白色风力发电塔，它们头上的 3 片扇翼在空中随风转动，形成一道独特的风景线。丹麦风电装机容量达到 236.4 万 kW，人均风力发电量居世界第一。现在丹麦的二氧化碳排放量已降至较低水平，人与自然相处和谐，环境得到保护，这其中就有风力发电的一份功劳。丹麦政府通过政府补贴的方式鼓励农民安装风力发电设施进行风力发电[116]。

2.3.7　国外经验的启示

美国、欧盟及日本等发达国家当前所处的基本国情、历史发展阶段、发展道路与中国的现实情况存在明显不同。通过追溯这些国家的发展历程，从中可以探寻到，其以往也出现过与中国目前类似的农村面源污染问题。因此，总结和归纳多年来国外治理农村面源污染的成功经验和做法，对于刚刚起步的中国农村面源污染治理工作，具有十分重要的借鉴意义。

1) 政府主导地位特征明显。无论是政策法规的制定，还是对主要农村面源污染因子的治理，都是政府在发挥重要作用。因此中国政府需实施积极财政政策，制定城乡环境保护规划，发展生态产业，保护环境优化城乡经济发展。把村镇环境建设纳入城乡发展总体规划中，在工业化与城镇化进程中统筹城乡环境保护发挥城镇的集聚、辐射和带动作用。加大农村环保投入，按照中央扩大内需促进经济增长的工作部署，增加政府在农村环保领域投入，结合农村基础设施建设和生态环境建设项目实施，尽快改变农村地区环境基础设施严重不足的现状。

2）政府重视创新环境管理模式。国外政府在环境管理上途径多元化、手段多样化。因此中国政府应积极引入市场机制，加强区域环境管理体系建设，实现城乡环境资源共享。发展生态产业，以环境保护优化城乡经济发展。尽快完善农村环保政策法规体系建设，尽快制定有机肥补贴、有机农产品发展、秸秆和畜禽粪便等废弃物综合利用、化肥农药税的财政政策，解决部分农村环保资金匮乏问题。

3）政府重视环境绩效管理。国外政府对环境管理奖罚分明，管理高效。因此，中国政府应建立农村环保目标考核机制。为治理农村面源污染，政府制定颁布土壤污染防治和畜禽养殖污染防治的法律和法规。农村环保法律法规尽快完善，防止城市和工业污染向农村转移等。通过建立农村环保政策法规体系，进一步促进各级政府积极开展农村生态环境保护工作，并将其作为工作的重点。

第3章 农村面源污染传统治理模式绩效评价与多中心治理的主体博弈

3.1 农村面源污染传统治理模式绩效评价

农村面源污染是一个全球关注的普遍问题。20世纪80年代中国的农村面源污染研究始于湖泊、水库富营养化调查和河流水质规划。随着农村面源污染研究的不断深入,在逐步建立和完善有关农村面源污染政策法规的基础上,实施了一系列的政策和管理手段。随着中国农村经济的发展,日益突出的农村面源污染问题与环境管理滞后的矛盾日益尖锐。因此全面有效地评估农村面源污染治理的绩效,使各方面了解目前治理模式的成效,为农村面源污染治理以及农村环境的科学保护提供科学合理的对策建议,建立一个科学、合理的农村面源污染治理绩效评估体系是十分必要的。本章构建了农村面源污染治理绩效模型,探讨了现行农村面源污染治理模式的效果。

3.1.1 政府单一治理绩效评价指标体系的构建

3.1.1.1 评价指标体系构建的原则

农村面源污染传统治理模式——政府单一治理的绩效评价指标体系构建的总体目标是全面、准确、科学地反映农村面源污染治理效果并进行综合评价和判断,对改进现有治理模式的政策制定具有现实指导意义。指标的选取应遵循以下原则。

(1)针对性原则

本书主要针对中国农村面源污染传统治理模式——政府单一治理的绩效的经济绩效、社会绩效、环境绩效,有针对性地选取能够准确、科学地描述客观事实的评价指标。

（2）科学性原则

评价的指标体系必须是建立在科学的基础上，运用科学的方法，选出适合中国农村面源污染治理绩效的具体指标。

（3）系统性与层次性原则

农村面源污染治理绩效是一个复杂的系统，由不同层次、不同要素组成。因此根据治理绩效的基本特征，将其划分为既相互联系、又相互独立的不同层次，然后在各层次上选取不同指标，使指标体系结构清晰、便于应用。

（4）动态性原则

农村面源污染治理是一个动态的过程，指标体系的设置既要反映农村面源污染治理的发展现状，又要充分体现动态趋势，以便对绩效水平做出长期的动态评价。

（5）完备性和可操作性相结合的原则

评价指标体系作为一个有机整体，能够比较全面地反映农村面源污染治理的绩效。但如果一味地追求指标的完备性，将会导致评价指标体系过于庞大，由于数据获取困难，指标无法定量化，无法在实际中应用。因此，指标的选取在坚持完备性原则的基础上，应该尽量选择可量化的定量指标，力求数据的可获得性，对实在无法获得数据的指标，可以采用其他科学方法尽力获得。

3.1.1.2 绩效评价指标体系的构建

根据中国农村面源污染治理的特点以及评价指标体系构建的原则，本书主要从环境方面、社会方面和经济方面三个层面共选取 11 个指标，构建了一套全面衡量农村面源污染传统治理模式——政府单一治理的绩效水平的评价指标体系（表3-1）。

表3-1 农村面源污染传统治理模式——政府单一治理的绩效水平的评价指标体系

总指标	一级指标	二级指标
农村面源污染传统治理模式——政府单一治理的绩效评价体系	环境方面	农村生活污水集中处理率
		农村生活垃圾集中处理率
		农村草地覆盖率
		废旧农膜回收率
	社会方面	农村改水累计受益率
		农村卫生厕所普及率
		农村饮用水达标率

总指标	一级指标	二级指标
农村面源污染传统治理模式——政府单一治理的绩效评价体系	经济方面	农村沼气产气量 农村生态旅游收益 农村绿色农产品收益

（1）环境绩效

该指标反映了中国农村面源污染在政府单一治理的环境方面的绩效。主要包括了农村生活污水集中处理率、农村生活垃圾集中处理率、农村草地覆盖率、废旧农膜回收率，即由政府投入，带来的环境方面的改善。

（2）社会绩效

该指标反映了中国农村面源污染在政府单一治理的社会方面的绩效。主要包括了农村改水累计受益率、农村卫生厕所普及率、农村饮用水达标率。指农村面源污染在政府单一治理的基础上带来的社会绩效。

（3）经济绩效

该指标反映了中国农村面源污染在政府单一治理的经济方面的绩效。主要包括农村沼气产气量、农村生态旅游收益和农村绿色农产品收益。指农村面源污染在政府单一治理的基础上所带来的经济绩效。

3.1.2　政府单一治理绩效评价方法的选择

农村面源污染治理是一个复杂的过程，政府单一治理的影响因素众多，为了尽量全面考虑所有的绩效因素及其作用机制，在进行评价时，可以采用模糊层次综合评价方法，即将模糊综合评价法和层次分析法相结合的评价方法，在体系评价、效能评估、绩效评价等方面有着广泛的应用，是一种定性与定量相结合的评价模型，一般是先用层析分析法确定因素集，然后用模糊综合评判确定评判效果，模糊法是在层次法之上，对两者进行相互融合，对评价有着很好的可靠性。遵循以下操作步骤。

3.1.2.1　确定评价因素集 U

模糊综合评价（fuzzy comprehensive evaluation，FCE）。1965 年，美国控制论专家查德（LA. Zadeh）在发表的论文《模糊集合论》中首次提出了模糊集合的概念，模糊集合引入了"隶属函数"这个概念来描述差异的中间过渡，这是精确性对模糊性的一种逼近。模糊综合评价，就是以模糊数学为基础，应用模糊关系合成的原理，将一些边界不清、不易定量的因素定量化，进行综合评价的一种方法。模糊综合评价的基本原理是，首先确定评价因素集和评语集，然后确定各个因素的权重及它们的隶属度向量，建立模糊评判矩阵，最后把模糊评判矩阵与因素的权重集进行模糊矩阵运算并进行归一化处理，得到模糊评价综合结果。

通过对问题的分析和整理，对影响评价的各类因素进行归类，确定评价因素集，从而确立因素层次。

设因素集 $U = \{U_1, U_2, \cdots, U_n\}$，其中 U_i 为第一层的被考虑的第 i 个因素（其中 $i = 1, 2, 3, \cdots, n$）。

因素集 $U_i = \{U_{i1}, U_{i2}, \cdots, U_{in}\}$ 其中第一次的第 i 个因素 U_i 由第二层的 m 个因素共同决定。以此类推可以根据问题的需要，将因素结构分为三层、四层等多层次，就可以建立评价的指标体系。

3.1.2.2 采用层次分析法确定权重集

层次分析法（analytic hierarchy process，AHP），是由美国运筹学家萨蒂（T L. Saaty）于 20 世纪 70 年代提出的一种定性和定量相结合的、系统化的、层次化的分析方法。其基本思想是把复杂问题分解为若干层次，在最低层次通过两两比较，得出各因素的权重，通过从低到高的层层分析计算，最后计算出各方案对总目标的权数。

对于 U 中的每个元素，根据其重要程度，通过某种方法确定每个因素 U_i 的权重 $w_i (i = 1, 2, \cdots, n)$ 并组成权重向量。模糊层次评价法是采用层次分析法确定权重集。

（1）建立层次结构

建立层级结构即确定评价因素集 U，也就是建立农村面源污染传统治理模式——政府单一治理的绩效评价的指标体系。

（2）构造判断矩阵

对模型中各层次的元素相对于与之相关的上一层元素，进行两两比较得出判断矩阵中的每个数值，α_{ij} 为第 i 个因素相对于第 j 个因素的比较结果，一般为 1 ~ 9 标度（表3-2）。

表3-2 判断矩阵元素确定表

α_{ij}	两目标相比
1	同样重要
3	稍微重要

α_{ij}	两目标相比
5	明显重要
7	重要的多
9	极端重要
2，4，6，8	介于以上相邻两种情况之间
以上各数的倒数	两个目标反过来比较

a_{ij} 满足以下条件：①$\alpha_{ii}=1$；②$\alpha_{ij}=\dfrac{1}{\alpha_{ij}}$；③$\alpha_{ij}=\alpha_{ik}\cdot\alpha_{kj}$

$$判断矩阵：\boldsymbol{A}=\begin{bmatrix}\alpha_{11}&\alpha_{12}&\cdots&\alpha_{1n}\\\alpha_{21}&\alpha_{22}&\cdots&\alpha_{2n}\\\vdots&\vdots&\ddots&\vdots\\\alpha_{n1}&\alpha_{n2}&\cdots&\alpha_{nn}\end{bmatrix}$$

（3）计算单一准则下元素的相对权重，并进行判断一致性检验

用特征根法求出判断矩阵的最大特征根 $\lambda_{\max}$ 和特征向量 $\boldsymbol{W}$。将 $\boldsymbol{W}$ 归一化处理，归一化后得到的 $\boldsymbol{W}$ 的分量就是被比较元素对于该准则的相对权重。

①将判断矩阵每一列归一化：

$$\bar{\alpha}_{ij}=\frac{\alpha_{ij}}{\displaystyle\sum_{k=1}^{n}\alpha_{kj}}\quad i，j=1，2，\cdots，n$$

②每一列经归一化后的矩阵按行相加：

$$M_i=\sum_{j=1}^{n}\bar{\alpha}_{ij}\quad i=1，2，\cdots，n$$

③向量 $\boldsymbol{M}=\left(M_1，\quad M_2，\quad \cdots，\quad M_n\right)^T$ 归一化：

$$W_i=\frac{M_i}{\displaystyle\sum_{j=1}^{n}M_j}\quad i=1，2，\cdots，n$$

所求得 $\boldsymbol{W}=\left(W_1，\quad W_2，\quad \cdots，\quad W_n\right)^T$ 即为相应的特征向量。

④计算判断矩阵最大特征根：

$$\lambda_{\max}=\sum_{i=1}^{n}\frac{(AW)_i}{nW_i}，$$

式中，$(AW)_i$ 表示向量 AW 的第 i 个元素；W_i 表示特征向量的第 i 个元素。

⑤一致性检验

一致性检验通过计算一致性指标和检验系数进行检验。

一致性指标：$CI = \dfrac{\lambda_{max} - n}{n - 1}$

检验系数：$CR = \dfrac{CI}{RI}$

其中，RI 是平均一致性指标，可通过 RI 系数表查得（表3-3）。一般地，当 CR<0.1 时，可认为判断矩阵具有满意的一致性；否则，就需要重新调整判断矩阵。

表3-3 RI 系数表

n	1	2	3	4	5	6	7	8	9	10
RI	0.00	0.00	0.58	0.90	1.12	1.24	1.32	1.41	1.45	1.49

3.1.2.3 确定评语集 V

由评判者对评判对象各要素做出的评判结果为元素组成评语集 $V = (\nu_1, \nu_2, \cdots, \nu_m)$ 可以将其分成不同的水平等级，并给出统一的标准分值，如：好，较好，一般，较差，差。然后由专家给出相应的分数集，$V = (\nu_1, \nu_2, \cdots, \nu_m) = $（好，较好，一般，较差，差）。

3.1.2.4 模糊评价，确认模糊评价矩阵

首先对 U 作单因素评价，确定 U 中每个因素对评语集的隶属度 $\gamma_{ij} = (i = 1, 2, \cdots, n; j = 1, 2, \cdots, m)$，于是得出 U_l 的评判矩阵

$$R = \begin{cases} \gamma_{11} & \gamma_{12} & \cdots & \gamma_{1m} \\ \gamma_{21} & \gamma_{22} & \cdots & \gamma_{2m} \\ \vdots & \vdots & \ddots & \vdots \\ \gamma_{n1} & \gamma_{n2} & \cdots & \gamma_{nm} \end{cases}$$

3.1.2.5 通过模糊矩阵的运算进行综合评价

$B = W \circ R$，其中"$\circ$"为运算符，B 为模糊综合评判结果，运算符"$\circ$"代表合成运算。考虑到各因素的影响，本文采用 $M(\Theta, +)$ 模型，即

$$b_i = \sum_{j=1}^{m} W_i \cdot \gamma_{ij}$$

3.1.3 农村面源污染传统治理模式绩效评价

3.1.3.1 确定评价因素集 U

通过分析和整理，确定评价因素集，在本文中，因素集 U 即农村面源污染

传统治理模式——政府单一治理的绩效，U_1 表示环境方面，U_2 表示社会方面，U_3 表示经济方面。因素结构如表 3-4 所示。

表 3-4　因素结构表

总指标	代码	一级指标	代码	二级指标	代码
农村面源污染传统治理模式——政府单一治理的绩效评价体系	U	环境方面	U_1	农村生活污水集中处理率	U_{11}
				废旧农膜回收率	U_{12}
				农村草地覆盖率	U_{13}
				农村生活垃圾集中处理率	U_{14}
		社会方面	U_2	农村卫生厕所普及率	U_{21}
				农村改水累计受益率	U_{22}
				农村饮用水达标率	U_{23}
		经济方面	U_3	农村绿色农产品收益	U_{31}
				农村生态旅游收益	U_{32}
				农村沼气产气量	U_{33}

3.1.3.2　层次分析法确定权重集

在建立评价因素集的基础上，利用层次分析法，构造判断矩阵，得出各层次权重（计算结果见附录Ⅱ）。本书通过德尔菲法在全国邀请了 50 位本领域内的相关学者，政府工作人员及社会环保人士作为专家，通过发电子邮件的形式进行打分，将其意见统计结果作为确定权重的依据（问卷和各层次权重表见附录Ⅰ）。各层次权重如表 3-5 所示。

表 3-5　各层次权重表

总指标	一级指标	权重	二级指标	权重
农村面源污染传统治理模式——政府单一治理的绩效评价体系	环境方面	0.648	农村生活污水集中处理率	0.338
			废旧农膜回收率	0.236
			农村草地覆盖率	0.118
			农村生活垃圾集中处理率	0.309
	社会方面	0.229	农村卫生厕所普及率	0.181
			农村改水累计受益率	0.288
			农村饮用水达标率	0.532
	经济方面	0.122	农村绿色农产品收益	0.459
			农村生态旅游收益	0.256
			农村沼气产气量	0.285

3.1.3.3 确定评语集 V

由评判者对评判对象各要素做出的评判结果为元素组成评语集可以将其分成不同的水平等级，并给出统一的标准分值。本文中的评价尺度 $V = (\nu_1, \nu_2, \cdots, \nu_m) = ($好，较好，一般，较差，差$)$，其中计算中取 $(0.9, 0.7, 0.5, 0.3, 0.1)$。

3.1.3.4 确认模糊评价矩阵

通过对 50 名专家的问卷调查（问卷见附录Ⅲ），对各个因素进行模糊评价。模糊统计的做法就是让参与评估的各位专家按照实现规定的评估因素集 V 给各评估指标分等级，再依次统计各评估指标属于各评估等级的频数，例如，50 位专家对于 U_{11} 的模糊评价中，评价为"好"的有 40%，评价为"较好"的有 20%，评价为"一般"的有 20%，评价为"较差"的有 20%，评价为"差"的 0%，则 U_{11} 的隶属度函数为 $(0.4\ \ 0.2\ \ 0.2\ \ 0.2\ \ 0)$。评分结果如表 3-6 所示。

表 3-6　模糊评价法专家评分统计表　　　　　（单位:%）

指标因素	级别				
	好	较好	一般	较差	差
U_{11}	10	20	30	20	20
U_{12}	10	10	30	20	30
U_{13}	20	10	20	20	30
U_{14}	10	20	20	30	20
U_{21}	20	20	10	30	20
U_{22}	10	30	20	20	20
U_{23}	20	20	10	20	30
U_{31}	10	20	30	20	20
U_{32}	20	20	20	20	20
U_{33}	10	20	30	20	20

根据表 3-6 得出的各个因素的隶属度函数，于是构造出隶属度矩阵如下：

$$R_1 = \begin{bmatrix} 0.1 & 0.2 & 0.3 & 0.2 & 0.2 \\ 0.1 & 0.1 & 0.3 & 0.2 & 0.3 \\ 0.2 & 0.1 & 0.2 & 0.2 & 0.3 \\ 0.1 & 0.2 & 0.2 & 0.3 & 0.2 \end{bmatrix}$$

$$R_2 = \begin{bmatrix} 0.2 & 0.2 & 0.1 & 0.3 & 0.2 \\ 0.1 & 0.3 & 0.2 & 0.2 & 0.2 \\ 0.2 & 0.2 & 0.1 & 0.2 & 0.3 \end{bmatrix}$$

$$R_3 = \begin{bmatrix} 0.1 & 0.2 & 0.3 & 0.2 & 0.2 \\ 0.2 & 0.2 & 0.2 & 0.2 & 0.2 \\ 0.1 & 0.2 & 0.3 & 0.2 & 0.2 \end{bmatrix}$$

3.1.3.5 综合评价

（1）二级指标模糊综合评价

$B_1 = W_1 R_1$

$$= (0.338 \quad 0.236 \quad 0.118 \quad 0.309) \begin{bmatrix} 0.1 & 0.2 & 0.3 & 0.2 & 0.2 \\ 0.1 & 0.1 & 0.3 & 0.2 & 0.3 \\ 0.2 & 0.1 & 0.2 & 0.2 & 0.3 \\ 0.1 & 0.2 & 0.2 & 0.3 & 0.2 \end{bmatrix}$$

$$= (0.112 \quad 0.1648 \quad 0.2576 \quad 0.2311 \quad 0.2356)$$

$B_2 = W_2 R_2$

$$= (0.181 \quad 0.288 \quad 0.532) \begin{bmatrix} 0.2 & 0.2 & 0.1 & 0.3 & 0.2 \\ 0.1 & 0.3 & 0.2 & 0.2 & 0.2 \\ 0.2 & 0.2 & 0.1 & 0.2 & 0.3 \end{bmatrix}$$

$$= (0.1714 \quad 0.229 \quad 0.1289 \quad 0.2183 \quad 0.2534)$$

$B_3 = W_3 R_3$

$$= (0.459 \quad 0.256 \quad 0.285) \begin{bmatrix} 0.1 & 0.2 & 0.3 & 0.2 & 0.2 \\ 0.2 & 0.2 & 0.2 & 0.2 & 0.2 \\ 0.1 & 0.2 & 0.3 & 0.2 & 0.2 \end{bmatrix}$$

$$= (0.1256 \quad 0.2 \quad 0.2744 \quad 0.2 \quad 0.2)$$

求得隶属度矩阵为

$$R = \begin{bmatrix} 0.1119 & 0.1648 & 0.2576 & 0.2311 & 0.2356 \\ 0.1714 & 0.229 & 0.1289 & 0.2183 & 0.2534 \\ 0.1256 & 0.200 & 0.2744 & 0.200 & 0.200 \end{bmatrix}$$

（2）一级指标模糊综合评价

$$C = (0.648 \quad 0.229 \quad 0.122) \begin{bmatrix} 0.1119 & 0.1648 & 02576 & 0.2311 & 0.2356 \\ 0.1714 & 0.229 & 0.1289 & 0.2183 & 0.2534 \\ 0.1256 & 0.200 & 0.2744 & 0.200 & 0.200 \end{bmatrix}$$

$$= (0.127 \quad 0.184 \quad 0.230 \quad 0.224 \quad 0.235)$$

根据评价尺度（好，较好，一般，较差，差）的评分标准（0.9　0.7　0.5　0.3　0.1），得到总评分为

$$D = (0.127 \quad 0.184 \quad 0.23 \quad 0.224 \quad 0.235) \begin{bmatrix} 0.9 \\ 0.7 \\ 0.5 \\ 0.3 \\ 0.1 \end{bmatrix} = 0.4488$$

0.4488 在 0.3 到 0.5 之间，且没有达到 0.5，属于"较差"水平，说明中国农村面源污染传统治理模式——政府单一治理的绩效较差，政府在农村面源污染的单一治理，效果不理想，处于失灵状态。

3.2　中国农村面源污染政府单一治理失灵的原因分析

农村环境作为一种生产资源，农村生产者可以对其共同使用，而又互不排斥，进而导致农村环境过度使用，加重了农村面源污染效应。农村面源污染所危害的是农村生态环境，农村的生态环境属于此类公共物品。保障公共物品的有效供给需要政府对各相关利益主体进行协调，进一步完善公共物品供给制度。农村面源污染的现状及发展趋势，都要求我们必须深入探寻其本质原因，从宏观和微观角度深入分析、全面剖析农村面源污染的治理问题，从农村面源污染的制度根源进行分析，将有助于我们了解农村面源污染产生的深层次原因。

3.2.1　治理政策缺乏系统性

目前，中国的环境保护与治理体系主要建立在城市环境治理和工业重要点源污染防治基础上的，缺乏对农村面源污染及其治理的关注。政府机构制定一项政策往往要经过讨论、决策、执行三个阶段，所以政策的出台具有滞后性。目前仍然存在以牺牲环境为代价的产业发展导向，例如国家对化肥产业的扶持政策则在一定程度上抑制了有机肥产业的发展[117]。由于成本过高，乡镇诸多中小型企业污染排放的监控和治理还很难实现，因此对解决农村面源污染的作用还很小，而目前从总量上对污染物排放进行控制的制度也仅仅对点源污染的污染物排放的控制效果显著。由于农业生产本身所具有的特殊性，一些强制性、引导性技术标准和规范缺乏，环保法律法规执行力度不够，再加上农户对技术标准和规范的掌握程度不高，因此造成了在政策层面支持农村废弃物资源化利用的优惠措施不明确。

3.2.2　政府治理政策信息的不完全性

农村面源污染防治政策的制定需要进行大量的信息收集工作。按照信息的来源进行加工、处理、筛选。可是有限信息的加总并不完全等于充分信息，因此政府很难掌握充分的信息。如体现在城乡一体化进程中，规划的信息滞后。在加快推进城乡统筹发展中，很多地区将村民集中到场镇，主要是为了在短时间内减少农民数量，增加场镇的居民人口任务。由于对场镇建设缺乏系统性、目标性、科学性，采取边迁建、边规划的办法，建设新民居。因此，有的新建场镇污水处理设施和下水管网，甚至垃圾处理厂、公共厕所等，没有进行配套建设。由于各种设施不完备，盲目引导农民迁入城镇，加之农民长期形成的不良生活习惯，于是垃圾、污水、粪便等污染随意丢弃和泼洒，刚落成的场镇成为脏乱差的新地点，并且在信息的逐级传递过程中容易造成信息扭曲。信息量不足，导致农村生态环境管理及相关农业技术推广体系很难应对农村的面源污染问题。政府的行动也没有增进经济效率，或者存在政府把收入再分配给那些不符合条件的人群，最终结果还是出现了实际价格偏离社会最优价格的现象，这就是经济学上所谓的"政府失灵"。对于社会福利或资源的损失，政府作为公众利益的主要代表，应当消除这种非经济行为[118]。在资源配置或环境保护方面，政府也不是万能的，虽然政府拥有超乎社会公众和一般组织以上的最高权威和行政强制力，但是由于其内部制度和机制的原因，政府在调控市场失灵时，自身也仍然存在管理失灵现象。政府在农村面源污染治理方面的失灵主要表现在下述方面。

（1）农村面源污染治理对象分布广泛

农户可以从定性角度明确为农村面源污染产生的主体。中国农户数量众多，广泛分布在各个地域，现阶段由于中国农村生产规模化程度不高，每个农户的排放量也不一致。农村污染物的排放又是无序的、相互交叉的，加之拥有土地数量和土地等级不均衡，量化单个农户的具体污染数量显得极其困难。另外，地理、气候、水文条件对农村面源污染产生不同的影响，造成进入途径和发生强度有着不同的变化，以上这些因素导致了农村面源污染治理对象分布广泛，有很强的不确定性，这也给政府进行农村面源污染治理造成了较大的困难和障碍。

（2）农村面源污染治理缺失

政府在治理农村面源污染方面，往往是管理缺位或错位，寻租行为存在于农村面源污染治理中。特别是地方政府在治理农村面源污染时，往往不能对农村发展进行长远打算，很多时候只顾眼前利益，如增加粮食产量、保障就业、维护社会稳定等，从而在一定程度上影响了农村面源污染治理政策实施的积极性。由于中国长期没有重视农村面源污染治理工作，缺乏系统性农村环境保护政策的制定和实施，而现有的政策又多为原则性政策，其可操作性不强，在防治农村面源污染产生上，缺少有效的手段或力量。

（3）政府制定农村面源污染治理政策的信息失灵

政府所获得的信息往往是从基层政府逐级向较高一级的政府传递，由于某种意义上的机制缺陷或诉求差异，在现实社会的信息传递过程中，就有可能造成信息的失真与扭曲，导致高层决策者很难制订出完全符合保护农村生态环境的农村面源污染控制政策。同时政府对农村面源污染治理政策的制订又是一个非常复杂的过程，需要对信息进行大量收集和处理。在此过程中存在着诸多困难、障碍或制约因素，具有相当程度的不确定性，使得政府难以收集到真实有效的信息，加之信息的搜集、处理、加工、筛选也容易造成部分信息损失。因此，不仅个人所获得的信息不完全，而且对政府同样也是不完全的。再者，获取任何较完善的信息是需要支付一定成本的，无论是个人还是政府拥有的信息往往都是不完全的，因而大部分政策制定是在信息不充分的情况下作出的，这就很容易出现信息"失灵"。

3.2.3　政府治理农村面源污染的有限理性

经济效益和生态效益在治理农村面源污染中很难兼得。农户是中国经济建设和农村发展的主体，长期以来为中国经济建设做出了巨大的贡献。虽然农户人数众多，但由于农业是弱质性产业，比较利益低，而长期以来形成的"剪刀差"使农户成为了当今社会的弱势群体。由此，政府的主要任务是保障农民利益，维持农村稳定，发展农村经济，保护农村生态环境。地方政府在治理农村面源污染，有时出于眼前的利益，如粮食安全、就业率、社会稳定等，影响了农村环境保护政策实施的积极性。可是，政府对农村面源污染进行治理，有时会对政府自身的利益有所影响，导致了政府没有足够重视农村生态环境保护和农村面源污染的控制，有限理性成为政府的羁绊。

3.2.4　政府不合理干预市场造成价格扭曲

20世纪80年代中期开始的农村技术服务体系改革，其目的是以减少农技推广经费和鼓励自我创收为出发点的。但是，由于得不到足够的财政资金，农技推广系统不得不从事卖化肥和农药等与业务无关的经营活动以获取收入，农村技术的选择缺乏环境政策制约机制，农村技术推广体系几乎失效。近30年来，中国政府对化肥、农药实行补贴政策，以鼓励农民增产的积极性，这些优惠政策促使农民大量，甚至过量地使用化肥、农药。

3.2.5 地方保护主义的存在

在农村面源污染控制中同样存在着严重的地方保护主义。有的地方政府为大力发展经济忽视环境污染问题，即使出现了环境污染问题，但控制其污染主体可能影响政府业绩或财政来源，地方政府可能会进行相应的保护，而地方保护主义问题的存在造成政府失灵[119]。一些乡镇领导为实现 GDP 的快速增长，只要是工业、大型养殖项目，一律放行，以至于出现"大盖帽"不敌"保护伞"的现象。由于规模化养殖户是该地区的重要纳税大户，如果出现对周围的江河、湖泊造成严重污染的情况，上级环保部门在对其进行处罚时，某些政府官员为提高自己的业绩并不执行或一直推迟执行环保部门的惩罚规定。此外，存在把关不严现象，对引入乡镇农村的项目，有的部门"睁只眼闭只眼"，使一些高污染项目长驱直入，一路绿灯进入乡村。有的行为短期化，只管本届引进来，污染问题留给后代，以至于这些企业乘虚而入，堂而皇之地在农村安营扎寨，造成农村生态严重破坏，面源污染程度扩大，形势更加严峻。

3.3 中国农村面源污染多中心治理主体的博弈分析

在农村面源污染治理中，农户、政府及公众组织等决策主体在决策时相互影响，农村面源污染问题产生需要多中心治理。可是农村面源污染治理的多中心主体，不仅要考虑自己对环境保护的支付，也要考虑其他主体的支付和补偿，因为他们所代表的利益主体之间是相互制约的。利用博弈论的冲突合作和均衡等相关理论，试图把这些错综复杂的关系抽象化、理性化，以便用数理形式，更加精确地表述事物发展变化的逻辑，并为现实生活中的农村面源污染多中心治理的实际问题提供决策指导和依据。

3.3.1 博弈论在农村面源污染多中心治理中的应用目的

农村环境是典型的公共物品，具有不可分割的自然属性，在现有市场环境下，农村环境资源没有所有权，没有被市场涵盖，也没有价格，因此人们为了追求最大经济利益忽视农村生态环境的承载力，导致农村环境面源污染的发生。农村环境的公共物品性使得农村面源污染治理单纯依靠政府的传统模式已经不能适应农村环境保护的需要。

博弈论在农村面源污染研究中，主要是研究理性的、决策主体之间发生冲突和矛盾时的均衡问题及决策问题，也是研究理性的各个利益主体之间冲突及合作的理论。多中心治理农村面源污染，运用现有博弈的理论，重点分析农户、政府、企业、第三部门及其他可能存在的治理主体在博弈过程中的相互关系和相互作用。因此研究多中心治理农村面源污染运用博弈论来分析和佐证，显得尤为重要。

3.3.2 农户间行为博弈

在农村面源污染多中心治理博弈中，农户的最优选择是其他人选择的函数。农户效用函数不仅依赖于自己的选择，而且依赖于他人的选择，它注意到了事物之间的普遍联系。因此说，从一定意义而言，农村面源污染多中心治理博弈研究是存在相互外部性条件下的农户选择问题。在使用中存在着大量的外部不经济性，农村环境资源由于其产权关系的残缺以及公共物品特点，从而导致了农村面源污染问题。

3.3.2.1 农户间污染农村环境的博弈

以某个村庄居住着 n（$n>1$）个农户为假设，同时都用一块水塘浇灌，他们只种植玉米，并且这块水塘是唯一的。每个农户都有权决定自己在农田中施用农药和化肥的数量，则总的农药化肥施用量 G 为

$$G = \sum_{i=1}^{n} g_i \quad i = 1, 2, \cdots, n$$

式中，G 为 n 个农户施用的农药、化肥总数量；g_i 为第 i 个农户施用的农药、化肥量；i 为第 i 个农户。

施用化肥、农药后产生的单位粮食价值用 ν 表示，这里一个重要的前提假设是，ν 是 G 的函数，$\nu = \nu(G)$。因为这些水都只能来自于这个水塘，而且粮食生产至少需要一定量的灌溉才能生产。假设这个水塘仍然能够对作物进行浇灌，并且农户过量施用的化肥、农药等都全部进入水塘，那么这个水塘最多能承受的农药和化肥量为 G_{max}，当 $G<G_{max}$ 时，$\nu(G)>0$；当 $G \geqslant G_{max}$ 时，$\nu(G) = 0$，即污染的水体不能用于灌溉，甚至完全不能灌溉，因此导致玉米出现减产，从而影响着农户的粮食生产。由于水塘中富集的农药、化肥较少时，即使增加一些农药、化肥，也可能不会对用于灌溉的水体产生污染。但农户为追求玉米的产量，而过量地使用农药和化肥，池塘水体的农药、化肥量的不断增加，玉米生产就会因灌溉水体污染而导致产量大幅度下降。假定：

$$\frac{\partial \nu}{\partial G} < 0, \quad \frac{\partial^2 \nu}{\partial G^2} < 0$$

式中，G 为 n 个农户施用的农药、化肥总数量；ν 为施用化肥、农药后产生的单位粮食价值。

每个农户的效用是以选择 g_i 来实现自己的利润最大化，农户其他投入的成本暂且不计，那么第 i 个农户的利润 π_i 可表示为

$$\pi_i(g_1, \quad g_2, \quad \cdots, \quad g_n) = g_i \nu \Big(\sum_{i=1}^{n} g_i \Big) - g_i c, \quad i = 1, 2, \cdots, n$$

式中，π_i 为第 i 个农户的利润；ν 为施用化肥、农药后产生的单位粮食价值；g_i 为第 i 个农户施用的农药、化肥量；c 为农药、化肥的单位价格。

设定农户间的信息完全对称，于是其最优化的一阶条件是

$$\frac{\partial \pi_i}{\partial g_i} = \nu(G) + g_i \nu'(G) - c = 0$$

式中，π_i 为第 i 个农户的利润；$\nu(G)$ 为施用化肥、农药后产生的单位粮食价值；$\nu'(G)$ 表示单位农药化肥用量的利润增加量；g_i 为第 i 个农户施用的农药、化肥量；c 为农药、化肥的单位价格。

该式可以理解为，增加农药、化肥的施用量对第 i 个农户利润的影响，具有正反两方面的作用：一方面多施用农药、化肥可以使该农户增加了利润 $\nu(G)$，另一方面，因农药、化肥的增加而使产出的单位玉米价值反而比没增加前降低了 $\nu'(G)$，其所有的玉米产出价值下降了 $g_i \nu'(G)$，$g_i \nu'(G) < 0$。当边际收益等于边际成本时农户利润实现最优解。上述 n 个一阶条件定义了 n 个反应函数：

$$g_i^* = g_i(g_1, \quad g_2, \quad \cdots, \quad g_n), \ i = 1, 2, \cdots, n$$

式中，g_i 为第 i 个农户施用的农药、化肥量；g_i^* 为 g_i 的反应函数。

即该村的第 i 户最优农药、化肥施用量是其他农户农药、化肥施用量的函数，同时，也构成了第 i 个农户对其他农户农药、化肥施用量的反应函数。

因为

$$\frac{\partial^2 \pi_i}{\partial g_i^2} = \nu'(G) + g_i \nu''(G) < 0$$

式中，g_i 为第 i 个农户施用的农药、化肥量；π_i 为第 i 个农户的利润；$\nu'(G)$ 表示农药、化肥的施用产生的单位粮食价值的增加量；$\nu''(G)$ 表示农药、化肥的施用产生的单位粮食价值的增加量的变化率。

此式表明，第 i 个农户的最优农药、化肥施用量是伴随着其他农户的施用量的增加而递减。这里 n 个反应函数的交叉点就构成了纳什均衡：

$$g^* = (g_1^*, \quad \cdots, \quad g_i^*, \quad \cdots, \quad g_n^*)$$

式中，g_i^* 表示第 i 个农户纳什均衡时的农药、化肥施用量。

纳什均衡的总施用量为

$$G^* = \sum_{i=1}^{n} g_i^*$$

式中，G^* 表示纳什均衡的农药、化肥的总施用量；g_i^* 表示第 i 个农户纳什均衡时的农药、化肥施用量。

对一阶条件认真分析可以从中发现，尽管该村每个农户在决定增加农药、化肥的使用量时，考虑到了增加施用量所带来的负面影响，但是每个农户仅仅是对增加农药、化肥的使用对自己玉米产量进行分析，而没有考虑对所有农户的影响。所以说，在最优点时农户个人的边际成本是小于社会边际成本的，而此时纳什均衡的总量却大于社会最优量。可以通过下式进行佐证。

如果将 n 个一阶条件进行相加，可以得到：

$$\nu(G^*) + \frac{G^*}{n} \nu'(G^*) = c$$

式中，$\nu(G^*)$ 表示纳什均衡下农药、化肥的总施用量产生的单位粮食的价值；$\nu'(G^*)$ 表示纳什均衡下农药、化肥的总施用量产生的单位粮食价值的增加量；G^* 表示纳什均衡的农药、化肥的总施用量；c 为农药、化肥的单位价格。

社会最优的目标是社会总剩余价值的最大化，社会总剩余价值如下所示：

$$社会总剩余价值 = G\nu(G) - G_c$$

最优化的一阶条件为

$$\nu(G^{**}) + G^{**} \nu'(G^{**}) = c$$

这里，G^{**} 是社会最优的最优农药、化肥的使用量。比较此处的个人最优的一阶条件和社会最优的一阶条件可以看出，$G^* > G^{**}$。

通过以上分析，可以得到结论如下：纳什均衡的农药、化肥施用量大于集中决策时的帕累托最优的化肥、农药施用量是由于农户对分散决策造成的，而利润却小于帕累托最大利润。因此农户分散决策往往会造成公共资源的低效率和过渡使用，其表现为"搭便车"现象。从某种意义上讲，公共的水塘被大量使用的化肥、农药污染了，这是由于个人理性驱动下的纳什均衡总施用量大于集体利益所达到最优的施用量。同时，由于集体没有实现最优效应，从而个人最优也没有真正意义上的实现，上述这种个体行为理性的最终结果只能是农村环境资源的掠夺性的使用或低效率使用的集体行为非理性[120-121]。

3.3.2.2 农户间治理农村面源污染的博弈

农户在生产过程中，由于自身追求利益的局限性、自主性、决策的分散性，在面对农村面源污染的情况下，农户选择治理与否与农户自身的素质和其他农户治理与否直接相关，这就形成了农户在面临选择治理农村面源污染中的相互博弈，农户是否治理污染依赖于其他农户治不治理污染，形成博弈。

为建立分析模型，对农户建立假设如下：①农户共同治理污染的成本为 $2C$；②农户治理污染后带来的收益为 R；③农户不治理污染造成的种植损失为 D。

（1）同质面源污染治理农户行为博弈

相同的种植环境下，在假设农户共同治理污染的成本为 $2C$，而治理污染获得的收益 R 相同，进行博弈，博弈如图 3-1 所示：

农户 B ＼ 农户 A	治理	不治理
治理	$R-C$ $R-C$	R $R-2C$
不治理	$R-2C$ R	0 0

图 3-1　同质面源污染治理农户收益矩阵

农户共同治理即均摊治理成本为 C，均获得收益 R，则农户获得的净收益为 $R-C$，当农户单独治理时，治理的收益为 $R-2C$，其余农户"搭便车"的收益为 R。从支付矩阵中可以看出，选择治理都是农户的劣战略，因此农户都会选择不治理以获得最大收益，使得农户治理面源污染走入"囚徒困境"。

（2）异质面源污染治理农户行为博弈

同一种植环境下，治理污染对农户带来的影响不尽相同，在农户共同治理污染的成本 $2C$ 相同，且从治理中获得的收益 R 不同的前提下，假设农户 A 治理污染后的获益为 R_A，不治理造成的种植损失为 D_A，农户 A 选择治理污染的概率为 r，不治理的概率为 $1-r$。农户 B 治理污染后的获益为 R_B，不治理造成的种植损失为 D_B，农户 B 选择治理污染的概率为 m，选择不治理的概率为 $1-m$。博弈矩阵如图 3-2 所示。

农户 B ＼ 农户 A	治理	不治理
治理	R_A-C R_B-C	R_A R_B-2C
不治理	R_A-2C R_B	D_A D_B

图 3-2　异质面源污染治理地方政府收益矩阵

在这个信息完全的静态博弈下，农户双方将进行混合战略博弈，博弈双方按照概率分布选择最优战略，从而达到一个纳什均衡。在农户 A 选择治理的概率为

r，不治理的概率为 $1-r$；农户 B 选择治理的概率为 m，不治理的概率为 $1-m$ 的假设下。那么农户 A 的期望收益为

$$U_A = m{\times}r{\times}(R_A-C)+m{\times}(1-r){\times}R_A+r{\times}(1-m){\times}(R_A-2C)+(1-r){\times}(1-m){\times}D_A$$

农户 B 的期望收益为

$$U_B = m{\times}r{\times}(R_B-C)+m{\times}(1-r){\times}(R_B-2C)+r{\times}(1-m){\times}R_B+(1-r){\times}(1-m){\times}D_B$$

分别对两式求导，得出农户间投资治理面源污染的最优概率为

$$r=\frac{R_B-D_B}{R_B-C-D_B}, \qquad m=\frac{R_A-D_A}{R_A-C-D_A}$$

通过博弈分析可以看出，在农户治理农村面源的选择中，农户选择治理面源污染的概率取决于其他农户治理面源污染的收益，即农户 B 在治理污染后所获得的收益越大，农户 A 选择治理的概率就越小，反之亦然。由于面源污染对不同农户影响的差异性，导致农户在治理面源污染的行为选择时，很大程度上取决于其他农户的收益和选择行为。这就使得农户在治理农村面源污染时没有约束力也没有积极性，在农户的收益一定的情况下，多中心治理的农户参与就需要各类激励与保障制度的支撑。

3.3.3　农户与政府博弈

在中国广大农村地区，对农户进行监管的主要是地方政府，为了研究方便，以下均用"政府"一词代称。在中国，政府承担了所管辖地区的经济、社会、行政以及环境等诸多方面的管理职能，如政府对税收的征收、对法律法规的实施以及对管辖地区生态环境的保护与治理等。然而，农户和政府之间存在着一种独特的关系，即农户的真实代表是政府。各级地方政府主要负责本地区的经济、政治、社会、环境等方面的发展，然而其作为一种特殊的利益集团，在接受上级政府委托管理的同时，还有自身的利益追求。也就是说，地方政府也是独立的利益主体，在生态环境保护过程中政府不仅是环境利益的监督者也是环境利益的追求者，还是相关获利规则的制定者，因此从这点来说，政府与农户之间在对环境问题的管理方面存在着复杂的博弈关系[122]。

3.3.3.1　建立农户与政府博弈模型

把农户主体视为一个整体，存在政府的约束，且这种约束是有效率的。假定政府与农户的信息是对称的，政府清楚地了解农户的环境标准执行情况、环境保护义务的履行情况以及农户农业生产和环境保护的成本与收益情况。政府既是农户环境行为的监督者也是独立的利益主体。

为构建分析模型，假设变量如下：

对农户而言：①投资环保（治污）成本为 C_1；②若不投资环保，处罚成本为：$C_2 = p \times X$，其中 p 为监管效率（$0 \le P \le 1$），X 为罚金；③若不投资环保，可获利益的增量为 R（与环保投资相比而言）；④θ 为从事环保投资的概率。

对于政府而言：①监管成本为 K_1；②（放任排污）获取经济利益（税收增加）为 T；③不监管情况下存在的政治风险成本为 $K_2 = q \times Y$，其中 q 为风险概率（$0 \le q \le 1$），Y 为风险成本；④φ 为从事监管的概率。

农户与政府的博弈矩阵如图 3-3 所示。

政府＼农户	保护	不保护
监管	$C_1 - K_1$ $-C_1$	$p \times X - K_1$ $-p \times X + R - T$
不监管	C_1 $-C_1$	$T - qY$ $R - T$

图 3-3　农户与政府的博弈矩阵

给定 θ：政府选择监管（$\varphi = 1$）和不监管（$\varphi = 0$）的期望收益为

$$\pi(\varphi = 1, \ \theta) = (C_1 - K_1) \times \theta + (PX - K_1)(1 - \theta) = \theta \times C_1 + (1 - \theta) PX - K_1$$

$$\pi(\varphi = 0, \ \theta) = C_1 \theta + (T - qY)(1 - \theta)$$

令：$\pi(1, \ \theta) = \pi(0, \ \theta)$，可得 $\theta = 1 - \dfrac{K_1}{PX - (T - qY)}$

由 $0 < \theta < 1$，故有 $PX - (T - qY) > K_1$，也就是说当政府收益大于其所需的环保监管成本时，能够有效地促进农户投资环保领域。当 $K_1 \to 0$ 时，$\theta \to 1$，这意味着政府监管越容易，农户越不得不投资环保。对于 $\theta > 0$，必定有 $PX > K_1$ 和 $Y \ge T$，或有 $PX \ge K_1$ 和 $qY > T$，此时政府有监管动力。对于临界点，可进一步讨论如下：

若 $PX - (T - qY) = K_1$，或当 $qY = T$ 和 $PX = K_1$ 时，有 $\theta = 0$，政府作为独立的利益主体实现盈亏平衡，也就是说增加的税收抵消了政府的政治风险成本，这种情况下政府的监管动力降低，进而可能会导致农户不会在环保领域投资。

给定 φ：农户选择保护投资（$\theta = 1$）和不保护（$\theta = 0$）的期望收益为

$$\pi(\varphi, \ \theta = 1) = -C_1 \varphi - C_1 (1 - \varphi) = -C_1$$

$$\pi(\varphi, \ \theta = 0) = (R - T - pX) \varphi + (R - T)(1 - \varphi) = -\varphi pX + R - T$$

令：$\pi(\varphi, 1) = \pi(\varphi, 0)$，可得 $\varphi = \dfrac{C_1 + R - T}{pX}$，$(R > T)$。

由 $0 \le \varphi \le 1$，可得 $C_1 + R - T \ge 0$ 和 $pX \ge C_1 + R - T$

对于临界点，我们可进一步讨论如下：

若$-C_1=R-T$，则有$\varphi=0$，即在污染排放的情况下，农户排污所造成的损失（即治污所需的投资成本）抵消了农户获得净所得的增量，导致农户无利可图，农户采取自我节制排放，在这种情况下政府缺乏监管动力；当$pX=C_1+R-T$时，有$\varphi=1$，意味着当罚金数额达到治污所需成本与农户获得利润增量的净所得之和时，政府势必监管。

同样道理，在存在制度缺陷的情况下，农民能够对政府的行为偏好做出预期，认为政府将会更偏好于获取经济利益而不是加强规避政治风险，因此政府将采取宽松的监管策略，那么农户此时的最优策略就是不保护环境、放任污染排放，所以选择"不监管，不保护"的策略就成为农户与政府集体行动的纳什均衡，在此均衡下农户与政府都可以获得最大的经济利益。

从上述模型中可以看出，政府在生态环境保护中承担了多种角色，既承担了上一级政府的环境保护与污染治理任务，同时又是农户模糊产权的真实代表，这也就导致了政府必将会在经济发展与环境保护方面陷入两难的选择境地。政府作为独立的利益主体，追求利益的最大化是其根本目的，在进行环境保护和治理的过程中会对自身的利益得失进行权衡，但当地方的机会主义倾向不再受相关制度的制约时，政府过度地追求 GDP 增长导致其对经济利益的偏好强于对政治风险的规避，直接导致的结果就是政府放松对环境保护与治理的监管而强化对经济增长的追求，这也就是所谓的"政府失灵"[123]。

3.3.3.2 监督博弈

在农业生产中，如果农户以自己为轴心，只为追求农村生产的高产量，过量地施用农药和化肥，那么农村面源污染势必日趋严重，而这种"个人的理性行为"，也必然出现农户与公众之间的博弈。如果把政府作为代表公众利益的博弈一方，对农户过量施用农药、化肥等生产行为进行限制和监督，其目的是不让农户增加的收益由公众来承担，并对农户的污染行为，加以监督处罚。这样就形成一个非常清晰的奕局。这个奕局的参与者是农户和政府，农户的纯战略选择是合理使用农药和化肥等能导致农村面源污染发生的污染物质和不合理使用这些物质，而政府的纯战略选择是监督或不监督，他们之间不同的纯战略组合的支付博弈收益矩阵如图 3-4 所示。

政府 ＼ 农户	合理使用	不合理使用
监督（$\theta=1$）	$-C$, 0	$F-C$, R_0-F
不监督（$\theta=0$）	0, 0	$-H$, R_0

图 3-4 政府的监督博弈矩阵

此处，如果假设农户不合理使用农药、化肥等能导致农村面源污染产生的物质，可使每单位面积田地增加收益 R_0，F 是罚款（$F>C$），C 是监督成本，H 是环保成本。如果 θ 代表政府监督的概率，农户不合理使用的概率为 γ。该混合战略的纳什均衡是

$$\theta^* = \frac{R_0}{F}, \quad \gamma^* = \frac{C}{F+H}$$

θ^* 表示纳什均衡条件下政府监督的概率，γ^* 表示纳什均衡条件下农户不合理使用农药和化肥的概率。

也就是说，政府的监督博弈矩阵达到纳什均衡时，政府监督的概率 θ^* 为 $\frac{R_0}{F}$，而农户有 r^* 即 $\frac{C}{F+H}$ 的概率选择不合理使用农药、化肥等能导致农村面源污染发生的污染物质。

在农村面源污染出现的实际中，因为对农户的监督不可能是全天候的，只要有经济利益驱动，在监督概率 θ 很小的情况下，由于执法的成本 C 过高，农户选择不合理使用化肥、农药等化学物质的行为就很难检查，甚至是防不胜防。即在守法成本高于违法成本的情况下，农户选择不合理使用化肥、农药等物质的行为，只是由公开转为隐蔽，而政府的环保执法只能起到一定的震慑作用。

3.3.3.3 重复博弈

众所周知，在理想化的无限次重复博弈中，贴现因子只要充分地接近于1，那么就存在一个纳什均衡的完美博弈，为实现博弈各方的激励相容，就使得参与博弈的局中人均选择合作的行动。假设农户以自身利益最大化为目标，且具有完全理性，那么，农户要么选择保护环境的生产技术，其产品至少要达到无公害产品的要求；要么选择一般生产技术，对农药、化肥等化学品随意地、大量地施用，其产品为一般产品。这时，假设政府以社会福利最大化和生态效益作为其收益函数，以促使农村生态环境向良性方向发展，对保护农村生态环境的农户，政府必然进行积极引导和正面扶持，包括施以政策优惠和生态补偿等。然而，相对于现实中普遍存在的有限次重复博弈而言，无限次重复博弈只是一种理想化的分析模型。但是，在有限次的重复博弈整个过程结束的前一次子博弈中，农户不采用保护环境生产技术的行为仍有可能发生。何敦春等分析认为，要长期促使农户采用保护生态环境的生产技术，仅仅依靠农户的有限理性是不可能的，也是不实际的[124]。他们从农村食品安全角度，认真分析了农户对植物保护采用保护环境的生产技术行为，研究的结果表明，农户在第一阶段主要采取的经济行为是不保护生态环境的，注重收益最大化。由此可以看出，农户需要经济效益与政府需要

生态效益，二者之间存在着强烈的、巨大的利益冲突。在第二阶段因为政府的支持，直接影响农户所选择的经济行动，农户采取保护农村生态环境的生产技术，同样，也直接取决于政府所选择的行动，这时社会福利、生态效益和农户利益均能得以实现和提高。因此，政府需要制定长期的环保激励机制，这样可以对农户采用环保生产技术的积极性得到极大激励，同时为降低每一次子博弈中的成本，就需要政府延长重复博弈的时间链条和增加博弈重复的次数，因为博弈重复的次数越多，分摊到的成本就越小。由此得到的启发是，如果政府能采取扶持和激励行为，从政府角度看，就是让农户把农村环境保护内化为自觉的经济行为，农户仍会继续选择采用保护农村生态环境的生产技术。虽然此时，政府偏离了个体理性，但所制定的政策必须与相应经济利益挂钩，乃至使参与各方感到交易结束的可能性接近于零，成为一个较为理想的选择，符合集体理性，使得整个形势发生重大变化，促进农村面源污染的治理和生态环境的良性循环，长期使得社会福利和生态效益得以提高。

3.3.4 中央政府与地方政府博弈

政府作为环境治理的主体，也是公共利益的代言人。农村面源污染的治理需要政府的参与治理，中央政府以全局与长远利益为主，地方政府则以经济利益和局部利益为主，显而易见，中央政府和地方政府在农村面源污染治理中各自的地位不同和出发点不同，二者之间的差异势必对农村面源污染的治理产生行为博弈[125]。

地方政府是中央政府的执行体，是中央政府在地方的代理人，中央与地方政府的关系是一种委托代理关系。这种委托代理关系主要体现在两个方面，一方面地方政府是其管辖地区微观主体的代理，如企业、居民、其他团体等，地方政府负责执行中央的各项决定并为地方微观主体争取中央的财政支持和优惠政策支持，以保障本地区经济利益最大化的实现；另一方面地方政府代理中央政府对本地区的经济进行宏观调控和管理，中央政府主要通过定期考核地方政府的政绩，以此评定其是否尽职。地方政府又都是有一定任期的，地方政府需要按期向中央政府汇报政绩。为了创造更多的政绩，地方政府在任期内，因为环境保护的投资大、见效慢、周期长，最少5年才能显现出成效的好坏，所以会尽可能减少治理农村面源污染等环境保护方面的财政投入，正是基于中央与地方管理的目标不同和行政管理的委托代理关系，这也是中央与地方政府博弈的主要原因。

为了维护本地区的局部利益，以实现局部利益的最大化，地方政府往往会牺牲环境来追求短期经济利益。从执政目标看，中央政府不仅仅要考虑人民群众福利水平的提高，国家经济的增长，而且还要考虑国家税收的增加，中央政权的稳定，即中央政府主要是考虑整体利益，地方政府主要侧重于局部利益。简言之，地方政府主要考虑的是对本地区经济的管理权和处置权和本地区经济的发展。也就是说，地方政府对中央政府政策的执行既有相互一致的地方，也有相冲突的地方，二者之间是对立统一的。首先，由中央政府选择对农村面源污染治理的重视程度，即确定农村面源污染治理的部署。接下来，地方政府在中央战略指导下，自主选择地方发展战略，并依照地方效用最大化原则，付诸实施农村面源污染治理的具体行动。博弈模型如图 3-5 所示。

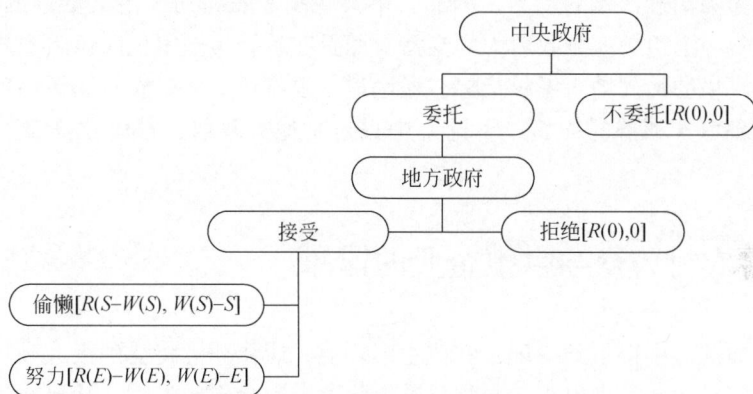

图 3-5　中央与地方政府博弈模型

第一阶段博弈中，中央政府选择是否委托地方政府治理农村面源污染，并且会根据地方政府的治理成果对地方政府的执政能力、政绩进行评定。在实际情况中，当中央不委托治理时，$R(0)$ 的取值有不同情况，根据农村面源污染治理的难易程度而定，当治理难度很大地方政府在治理中需要大量花费时，$R(0)$ 就是负值，当治理相对容易或者说污染不严重时，$R(0)$ 也可以是正值。这时地方政府就没有利益，数组中的 0 即表示这种情况。在中央加强生态环境建设的决策下，第一阶段的选择，中央会选择委托地方治理农村面源污染。进入第二阶段选择时，地方政府是选择主体，地方政府在选择接受与否时，如果地方政府不接受委托以理由拒绝，结果和中央不委托一样。而现实中地方政府是中央的执行体，所以地方政府会严格执行中央的治理任务。在第三阶段的选择中，地方政府可以选择认真治理（努力）和应付了事（偷懒）的方式完成治理任务。如果地方政府选择努力，那么中央得到较高的产出 $R(E)$，但是会给地方支付报酬 $W(E)$，地方政府得到报酬 $W(E)$，也要在治理中化肥相应的 E，因此中央将会得到 $R(E)-W(E)$ 的收益，地方政府也会得到 $W(E)-E$ 的收益；如果地方政府选择偷懒那么中央得到较低的产出 $R(S)$，地方政府也只能得到中央支付的较低报酬 $W(S)$，并且也要在治理中花费相应的 S，因此中央将会得到 $R(S)-W(S)$ 的收益，地方政府也会

得到 $W(S)-S$ 的收益。根据双方的博弈决策不难看出，只有当 $W(E)-E>0$ 或者 $W(S)-S>0$ 时，即治理收益大于治理成本时，地方政府才会考虑治理农村面源污染。而只有在 $W(E)-E>W(S)-S$ 的情况下，地方政府会选择努力治理污染，这就是地方政府努力的"激励相容约束"。只有当地方政府努力工作得到的报酬超过偷懒的报酬之上，并且不低于补偿努力工作比偷懒的花费的增加额时，地方政府才会选择努力治理污染，反之地方政府则会选择偷懒。

通过博弈模型可得到如下结论：中央政府和地方政府在治理农村面源污染时，由于地方政府的治理成果会影响中央政府的选择，而中央的激励与支持则是地方政府努力治理污染的动力。因此，中央在制定农村面源污染治理的政策时，不仅要在资金上给予地方政府大力支持，而且在政绩考核中也应该将农村面源污染等公共环境的治理纳入考核指标，激励地方政府切实做好农村面源污染治理工作。为达到双方利益的均衡，不论是中央还是地方政府，都应建立良好的互动机制。

3.3.5 农村公众与乡镇企业的博弈

农村面源污染得不到治理，农村生产环境、居住环境将受到极大破坏。乡镇企业面对农村面源污染出于自身利益最大化考虑则会不予理睬，甚至在生产过程中超标生产，超标超量排放生产污染物。而不参与生产的农村公众一般不会主动治理污染，而且也没有足够的能力去治理农村面源污染，那么农村公众在受到面源污染的损害时，可以通过询问、批评、要求、提意见或建议等形式，来维护和实现自身的权益利益。这就形成了农村公众在治理农村面源污染改善居住、生活环境时与乡镇企业之间的博弈局面。

假设政府对公众的举报不是逐一受理和进行监督调查，主要考虑到这样的现实状况。鉴于人员、经费、调查成本和所举报污染的严重程度等综合因素方面的考虑，政府对公众检举可以有一定的选择权，可是，政府部门及其工作人员无法保证每个人都是公正无私和秉公办事的，很有可能通过一些其他手段让政府或所在部门的工作人员产生偏好倾斜，我们做这样的假设，从某种意义上说，是符合现实条件的。现在我们假设公众与乡镇企业的博弈是这样的原因和起因。首先是公众发现水体、大气受到面源污染，于是为维护自身的权益，向政府部门进行举报，而政府也可能会承受污染所带来的损害。如果政府接受公众举报，并根据乡镇企业产生面源污染各方面的评定，来考虑或决定是否对造成面源污染的乡镇企业进行监管和处罚[126]。

局中人 $\mathbf{I}=\{1=公众, 2=企业\}$，这里公众的目标是自身福利最大化，企业的目标是实现利润最大化。$\omega \in [0, \varpi]$ 为污染企业的超标程度，$\omega=0$ 表示企业按照规定排污；ϖ 表示为最大限度和可容许的超标程度，否则政府将关闭污染超标 ϖ 的企业；$\pi(\omega)$ 为污染的企业在污染程度为 ω 时，获取的因节省污染处理成本的额外收益。$\pi(0)=0$，$\pi(\omega)>0$，即污染越严重，获利越大；$D(\omega)$ 为企业因排污超标而引起污染总量的失控，对公众 1 所造成的额外损失。$D(0)=0$，$D'(\omega)\geq 0$，即污染越严重，额外损失就越大；$K=\{k_1,k_2\}$，K 表示为公众的策略集，k_1 表示为公众因受到面源污染损害后，向政府的举报，k_2 表示为公众出于某方面的原因，采取不举报。$\gamma(\omega)$ 表示为公众受到损害并向政府举报的概率，并假设成本为 M；$T=\{C_1,C_2\}$，T 表示政府接受公众举报是否采取调查的策略集，C_1 表示为政府接受公众举报并展开对企业的调查，C_2 表示为政府对公众的举报采取不调查的行为；$p(\omega)$ 表示为政府接受公众的举报，并展开对企业的调查概率；$F(\omega)$ 表示为政府通过调查发现企业产生污染，则没收企业的污染排放所得，并根据污染程度进行罚款；$M=\{m_1,m_2\}$ 表示为企业的选择策略集，$M=m_1$ 为企业选择污染排放的行为，$M=m_2$ 表示为企业选择守法经营。$\theta(\omega)$ 为企业在不同污染排放程度时，所选择污染行为的概率。企业先行，选择污染排放的程度 ω，当公众举报污染企业超标程度为 ω 时，企业和公众都不知道政府是否展开调查和接受举报，但他们知道政府是否展开调查和接受举报的概率分别为：

$$P\{T=C_1\}=p(\omega)$$
$$P\{T=C_2\}=1-p(\omega)$$

显而易见，当政府对待公众举报采取不同的态度时，公众和企业很关心政府对公众参与能力的肯定程度，并得到不同的博弈结果。采取不同态度的企业与公众博弈矩阵，如图 3-6 所示。

$T=C_1$

公众 企业	举报	不举报
排污	$-F(\omega)$，$-M$	$\pi(\omega)$，$-D(\omega)$
不排污	0，$-M$	0，0

$T=C_2$

公众 企业	举报	不举报
排污	$\pi(\omega)$，$-M-D(\omega)$	$\pi(\omega)$，$-D(\omega)$
不排污	0，$-M$	0，0

图 3-6 企业与公众的监督举报博弈矩阵

通过博弈矩阵，可以得到一个博弈结论，公众参与的积极性越高，会相对减轻政府的监管投入，对环境污染和生态破坏的制造者施加的压力大，若缓解政府在这方面的关注与投入，很大程度上还取决于公众参与环保的主动性和积极性。还可以从博弈矩阵中看到，公众监督并举报的概率和政府对于接受举报并进行调查的概率成反比，这恰恰表明政府与公众之间的相互依存、相互依赖的关系。如果政府执法效率提高，采取各种措施对企业污染排放的惩罚力度加大，在公众看来，这就表明了政府对治理企业污染的态度非常坚决，因此公众认为企业超标排放污染的可能性不大。反之，如果公众参与不积极，这样势必会增加政府监管的控制成本，则政府为使企业污染达标，不得不提高自己的治理效率。

第4章　中国农村面源污染多中心治理模式与创新机制

中国农村面源污染治理，既是发展中国农业的需要，也是保护农村生态环境的需要。农村经济也要从以往的仅注重经济增长方式，转变到包含生态成本在内的经济发展方式上来。本章主要针对先前研究中国农村面源污染治理出现的"政府失灵"和"市场失灵"的情况，依据相关的基础理论，构建中国农村面源污染多中心治理主体。主要包括农村面源污染多中心治理目的、多中心治理制度设计原则和多中心主要主体等。主要目的在于通过构建多中心治理主体，剖析中国农村面源污染多中心治理主体的相互联系和内在关系，为其后研究中国农村面源污染治理的途径和机制作出基础准备和理论铺垫。

4.1　农村面源污染多中心治理必要性

1）主体多元化的农村公共物品供给。农村环境属于公共物品，单纯依靠政府满足公共物品供给很难实现。因此，公共经济主体的多中心趋势对政府公共物品提供和治理结构产生重要影响。意味着政府存在自身的限度，并不是公共经济的唯一主体，不是公共产品的唯一供给者，在政府之外还有其他公共经济主体的存在。随着经济和社会领域的自主性，公共领域的管理多中心格局渐趋完善。农村面源污染治理中的政府部门，在对农村资源的开发、利用和保护的活动中，农户、市场和非营利组织以不同形式进行广泛参与，共同成为农村公共物品的供给者。

2）多中心主体的监督作用。多中心组织是一个非盈利组织。治理农村面源污染和实现农业的可持续发展，必须要求在政府、农户、市场以及农村非盈利组织之间开展工作，如今这种要求越来越强烈。目前农村面源污染治理主要依靠政府，由于缺乏有效的监督和实施机制，因此农村面源污染的治理情况并不尽如人意。很多时候虽然出台和制定了措施与法规，政府实施的意志和力量却不足。政府往往不能监管到位，这为非营利组织留出了活动余地，它们可以较为自主地根据自己的意愿开展活动，如进行监督、揭露和批评等。

4.2 农村面源污染多中心治理目的

在农村面源污染治理中，采用多中心治理是为了更好地加强公共事务管理、提供更好的公共服务，以实现农村可持续发展的绩效目标。多中心治理建立在一种与一元或单中心权威秩序对立的思维基础上，由社会中农户、商业组织、非营利组织、利益团体、政府组织等多个独立的行为主体要素构成，这些主体要素以一定的集体行动规则为约束，通过多元主体之间的相互博弈、调适等共同参与合作，而形成主体多元化、形式多样化的农村面源污染治理模式[127]。

1）多中心治理改变了过去完全依靠政府治理农村面源污染的旧格局。让农村内部的自主性力量在治理面源污染的多个领域中充分发挥基础性作用。农村面源污染多中心治理结构的设计和应用主要是针对打破政府单一治理污染目标而构建的。

2）多中心治理有利于优化面源污染治理的体制运行。农村面源污染多中心治理的优势体现在：能反映农户多样化的需求偏好、提高农村资源配置的效率、能建立有效的激励机制、实现合理分权、促进政府公共服务提供与生产的竞争性供给、实现农村生产的边际成本降低和收益最大化等。

3）多中心治理是农村面源污染治理的核心和关键。具体到农村面源污染治理而言，面源污染治理中的多中心治理模式，既需要乡村公共权力组织对农村生态环境的管理、监控和调控，也需要广大农户对农村环境保护的积极参与，同时还需要面向市场进行多层次治污。可以说，农村面源污染多中心治理是政府引导、市场运作、农户为主、社会参与的一项长期而又艰巨的系统工程。

4.3 农村面源污染多中心治理模式

4.3.1 农村面源污染多中心治理模式的设计原则

1）以政府为主导原则。农村环境具有很强的公共物品性，因此农村面源污染的治理必须以政府为主导。贯彻落实政府制定的方针政策，并且在治理中，政府要切实到位财政补贴和政策支持，以拉动农户和企业治理农村面源污染，积极调动多中心治理组织的监督热情，让多中心治理农村面源污染全面运转起来，真正解决农村面源污染问题。

2）清晰界定边界原则。这是多中心治理的基础，即治理农村面源污染的边界必须予以明确规定，可以按照农村宅基地标准规划农户自我治理的区域，农村集体土地集体治理的区域，对乡镇企业也划定污染治理区域，污染扩散的治理区域等，采取谁污染谁治理的原则，让各个中心有自我治理与自我保护意识，共同治理农村面源污染。

3）面源污染治理标准原则。即规定农村面源污染的治理成果必须达到一个统一的标准。这就包括在治理过程中花费的时间、技术、资源和治理成果在达标上的比例效率标准等。制定一个统一的标准，这样在中央对地方的政绩考核、政府对企业和农户的治理验收、多中心治理组织在监督过程中，都有一个严格的标准参照。

4）监督原则。在这种多中心治理结构中，监督主体主要有：公共权威部门的监督。主要是由当地政府执法机关的监督人员来进行的，但这种监督由于其间接性和不经常性，监督人员属于对占用者负有责任的人之一，因而监督的强度是最弱的；多中心治理组织是非盈利组织，组织成员是分布在各个农村环境中的"公众"。他们主要按照多中心治理的标准对所在农村环境的污染进行监督、举报，督促各个治理主体治理农村面源污染，以改善农村环境。

5）多中心治理联动原则。多中心治理并不是单纯的各个治理主体按照自己的治理任务达成目标。多中心治理的联动原则要求农村面源污染治理的各个主体，联合行动，统一规划，相互督促，相互支持，共同实现农村面源污染的成功治理，治理成果的保持，达到农村环境的清洁与美化。

4.3.2 农村面源污染多中心治理模式构建

农村面源污染多中心主体由政府（中央及地方政府）、市场、农户以及其他非营利组织共同组成。它们在农村面源污染治理中，各自行使着不同职能，相互补充。这种多元管理模式仍然以政府为主导，并不是取代政府在农村面源污染治理中的地位和作用。在农村面源污染多中心治理中，面源污染治理需要一个这样的机构，尽管各主体所代表的组织形式多样，但最终起到的作用目标一致，即政府宏观调控指导，市场配置资源，农户及其他相关组织共同参与，维护农村生态环境安全和农村的可持续发展，如图 4-1 所示。

多中心治理就是在"政府-企业-农户"的多元网络中更好地行使公共权威的互动合作过程。多中心治理理论是企业、政府和农户三足鼎立的局面。三者具有不同的行动逻辑，企业遵循自由竞争机制、价格机制和利润分配机制等对社会自愿进行配置；政府通过等级性的控制、强制性的权利以及垄断性的权威实现公共物品以及公共服务的供给；而农户主要是通过道德约束、自愿行为、慈善活动、集体行动等参与公共治理的相关活动。

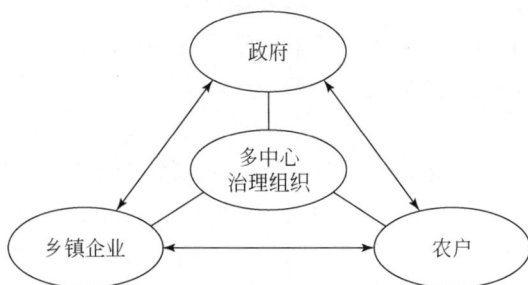

图 4-1 政府-企业-农户社会理想结构图

在社会的价值体系中，企业构成经济资本，政府构成制度资本，农户组织构成社会资本。公共治理就是要通过企业、政府、农户的多元互动，以达到政府与企业、农户之间的动态平衡状态。在农村面源污染多中心治理的责任结构中，政府在现阶段仍旧是处于主导地位，即必须合理定位转变职能，培育和扶持一个独立自主的市场和农户组织。

政府起着主导作用。无论是农村生态资源的保护与管理，还是治理农村面源污染，政府仍然是保护与治理的主导力量。好的农村政策必须置身于国家经济和社会发展的框架下进行，特别是要考虑农业可持续发展，公平和财产调节，创造就业，减少人口压力等问题。生态资源丰富的地区或者是生态资源贫乏的地区，其农村政策都是会受到国家宏观经济和部门间的政策影响。许多地区都在调整政策，倡导退耕还林等措施，以刺激农村乡镇能更好利用生态资源为经济和社会服务。

企业与农户相互制约、相互监督。在民主发达、法制健全的国家，农户对政府权力起着巨大监督制衡作用。但在发展中国家，市场和农户处于被支配的附属地位，在治理农村面源污染活动中，这种不均衡的状态就是治理活动中经常会遇到的。正如本书第三章对中国农村面源污染成因分析的结果，政府失灵、市场失灵和农户自身利益最大化，势必会造成治理农村面源污染中的局限性和有限理性。各方利益主体还不能实现地位平等、权力均衡，这就需要创新治理模式，实行多中心治理。

多中心治理组织协调各个主体。在整个模式的构建中，多中心组织始终把监督农户与企业的排污情况和对污染的治理情况作为首要责任，并且把公众对农村环境的美好愿景向政府或者有关环保部门反映。在整个多中心治理模式下协调着政府与企业、农户在治理农村面源污染的关系。多中心治理组织向政府举报市场的"不规范"运作，按照治理标准对照农户在治理中的行为及成果并提出建议，向政府反映农村公众对农村环境的诉求，充分协调多中心治理的各个主体，以改善农村环境质量。

4.3.3 农村面源污染多中心治理主体分析

4.3.3.1 政府在农村面源污染多中心治理中的角色和责任

(1) 政府在农村面源污染多中心治理中的角色

1) 执行者。各级地方政府是农村面源污染多中心治理的执行者,主要表现在以下方面:第一,政府要对农村的生态环境质量负责,建立健全环境执法责任机制和责任追究机制,并在政府绩效考核中纳入环境绩效考核的相关指标;第二,各级地方政府要积极贯彻落实国家的农村发展战略,推进有机食品、绿色食品和无公害食品的生产,认真落实国家的各项优惠政策,在加强农村生态环境保护的同时实现农村经济的循环发展;第三,各级地方政府要积极加强地区间的环境治理合作,建立完善的跨省界河流断面水质考核制度,加强农村水环境治理和保护;第四,建立健全环境保护机制,积极实施污染物排放总量控制,严格控制污染物的排放许可,完善环境影响评价制度,加大环保执法力度和处罚力度,提高政府对污染企业、畜禽养殖大户等的监督和管理能力;第五,推广清洁生产制度,贯彻实施环境标识制度和环境认证制度,积极淘汰落后产能,对污染较大的企业进行限期治理,同时鼓励乡镇企业及时公开其环境质量公告和企业环保信息,并鼓励广大社会公众对企业的环境行为进行监督。

2) 投入者。政府是农村面源污染控制的主要资金投入者,政府通过大力发展环保产业或积极建设农村面源污染控制相关的项目,并出台一系列相关的优惠政策,吸引和鼓励社会资金向农村面源污染治理领域及环保领域流动。政府还可以利用政府的权威性动员地区内居民全面参与农村环境保护与治理工作,通过大力宣传环境保护知识,提高全体居民的生态保护意识,并定期组织居民参加环境保护活动或协助民间组织成立相关的环境保护团体等。政府作为农村面源污染的主要投入者,其投入的不仅仅是资金,还包括政府的组织资源、政策资源、物质资源等。各级政府应将环保投入作为财政支出的重点并逐年增加环保投入,促进环保产业的发展,同时还应积极建立多元化的环保投资融资机制以缓解地方财政能力较弱的现状,此外还要综合运用多种经济手段加快农村面源污染治理的市场化进程。

3) 协调者。农村面源污染的治理是一项复杂的系统工程,在污染治理过程中地方政府承担着重要的协调者的角色。农村面源污染的治理不仅需要政府内部各职能部门直接的合作,还需要不同的地方政府之间积极开展合作,实现不同区域的供应。不同地方政府的合作如果他们不存在隶属关系,则需要外部的力量来协调和推动其合作的展开。协调包含两个方面的含义，一方面是地方政府在治理农村面源污染中的合作或者是靠利益驱动，因此需要协调本地区农村经济发展与农村生存的环境以及流域日趋严重的污染，从这点来说制定地区的面源污染治理长期规划势在必行；另一方面是来自中央政府的安排、命令、鼓励等措施，因此需要协调不同地方政府间的合作。政府应积极协调好各方利益关系，以防止在面源污染治理的过程中产生不必要的冲突、增加面源污染治理过程中的管理摩擦阻力，以实现不同地方政府对农村面源污染的联动治理。

（2）政府在农村面源污染多中心治理中的责任

政府是农村面源污染多中心治理制度的设计者。生态系统如何管理，资源如何开发、利用和保护都由政府制定规则。国家通过制定法律法规制度，确认农村资源产权，交易规则等，设立政府机构制定管理资源权利和职责。政府参与农村面源污染治理的决策和实施受当前社会经济体制影响，其治理绩效也有所不同。农村面源污染治理也有赖于地方政府的参与，地方政府在实践中具有政策的制定和实施双重身份[129]。

1）加快构建有利于转变农村发展方式的绩效考评体系。必须树立更加科学的政绩观和建立更加完善的考评指标体系，克服以往单纯的 GDP 为核心的政绩考评体系，从根本上防止地方政府的机会主义行为。中国是一个资源相对贫乏的国家，提倡和推广发展循环经济，既可以节约资源，提高资源利用率，又可以减少污染排放，减少面源污染的发生。当前，国内主要有七种循环经济发展模式，对资源节约，环境保护有着重要作用和意义（表 4-1）。

表 4-1　国内循环经济发展模式

模式类型	方　　法	发起人
工业生态整合模式	基于传统企业族群式发展模式的思考，在工业区建设过程中，以某种产业为主导，再配置一些以该产业排放物为原料或将排放物作为主导产业的原料的共生企业，以构建区域循环经济运行体系	开发商企业
清洁生产模式	基于未来发展成本的选择，推广清洁生产技术	开发商企业
产业间多级生态链连接模式	不同产业之间进行有效的链接来实现资源的高效利用	开发商企业
生态农村园模式	利用农村产业模块之间的链接关系来实现能量与物质之间的循环利用	企业园区管理者
家庭型循环经济模式	节约家庭能源支出，实现农村废弃物的高效利用，提高家庭经济运行效率	家庭业主

模式类型	方　法	发起人
可再生资源利用为核心的循环经济模式	建立以可再生资源利用为核心的区域循环经济模式，从而既能节约投资，又能建立一个符合循环经济原理的区域经济发展模式	公众实体企业
商业化回收处理模式	建立专业化的回收渠道，由专门的回收公司进行代理回收，并通过返还出售时征收的环境污染税来鼓励人们将废弃物的高科技产品主动移交给回收公司，由此将废弃物产品集中到生产企业，进行再利用或相关处理	公众实体开发商企业

资料来源：董淑阁．关于建立农村循环经济发展模式的思考．可持续发展，2009，（2）：36-38

促进财政收入较高的发达地区主动治理农村面源污染的积极性。为建立地方政府间良性竞争，应将环境问题纳入到考评指标体系中。为有利于转变农村的发展方式，避免生态环境的进一步恶化，避免更大范围的农村环境污染，控制各类面源污染产生的路径，在干部考核体系中需纳入资源利用效率指标和环境绩效指标，在政府层面上提高对农村生态环境的重视程度，促进农村生态环境的保护和资源的高效利用。与此同时，中央政府还要对区域间的环境治理合作提供一定的政策和资金支持，并根据联合治污的绩效给予更多的财政补贴和项目支持。

2）建立农村面源污染的补偿机制。由于国家长期以来对农村环境保护不够重视，这就要求建立一种新的补偿机制。中央及各地方政府通过制定相关的法律法规加强对农村生态环境的保护、通过一定的财政补贴或转移支付加强农村生态环境治理，从而逐步形成完善的农村面源污染控制补偿机制。中国农民在农村生产和生活中往往缺乏足够的技术支撑，生产者缺乏足够的环保意识和安全生产知识，这也直接导致了农村面源污染的控制主体以及农村生态环境建设的利益补偿主体只能由各级政府来承担的结果。政府承担农村面源污染中的补偿主体主要表现在两个方面：一方面，各级地方政府首先应是农村面源污染治理的投资主体，政府应积极建立多渠道、多方位、多层次的融资机制，不断吸引投资、加大农村生态环境保护治理的投资力度，以保障政府对农村面源污染的补偿具有稳定的资金流，建立和完善多途径的农村面源污染补偿机制；另一方面，政府还是农村面源污染生态补偿机制的建设主体，地方政府要通过合理有效的制度安排，建立健全农村面源污染治理和生态环境保护的补偿机制，政府应在对参与面源污染治理的农户进行直接经济补偿的基础上，制定相关的法律法规、政策措施等吸引更多的农户参与农村生态环境保护与面源污染治理。

3）明确治理农村面源污染的政策导向。政府应从农村面源污染治理的成本与收益角度，对农户行为采取鼓励性的措施或限制性的措施，充分利用市场价格调节、税费调节或直接物质奖励等手段，促使农村生产者减少或消除污染，从而使农村生产外部成本内部化，增加政府和农村生产者在污染控制政策执行上和农村生产管理上的灵活性，最终实现对农村生态环境的治理和保护。此外中央政府及各级地方政府还应充分利用好产业政策、税收政策、教育政策以及人力资源政策等，进一步明确开展农村面源污染治理的政策导向。这些政策的作用是鼓励各地方政府联动治理农村面源污染，并建立跨省界断面水质考核机制，落实上下游污染防治责任。主要包括市场价格调节和税费改革。价格调节是指通过农产品上市价格反馈农村生产本身，通过快速测定对蔬菜品质进行定位。不达标农产品降价销售或低质低价。低硝酸盐含量、农药含量的农产品优质优价。对于严重超标者，不予上市以示惩罚价格分级对待和惩罚制度并行。严格控制输出的农产品的质量，并反馈到生产者本身，要让生产者深刻地认识到农业生产行为与农产品市场价格之间的密切联系以及农产品市场价格与生产者经济利益的直接关联性，从而约束农村生产达到农村面源污染控制目的。税费改革方面，生态税费是通过税费方式对生态环境所进行的定价。由于农户行为与环境开发导致的生态环境破坏的外部成本，税务部门依据专门检测机构对化肥和农药的检测报告进行征税。中国目前没有纯粹的环境税和生态税，汽车消费税是当前唯一具有环境税含义的税种，特别是征收农药使用税和化肥使用税更是空白。

4）农村面源污染的激励管理。激励集体以更高的热情投入到农村面源污染控制工作中，对在农村面源污染治理过程中做出重要贡献的个人、集体或单位给予表彰、荣誉称号等。充分利用荣誉激励引发的"领袖效应"，通过加大精神奖励和扩大社会知名度等方式，吸引更多的个人、集体或单位参与到农村面源污染控制工作中。充分发挥中央农村环保专项资金的示范带动作用，深入贯彻落实"以奖促治"和"以奖代补"等多种政策措施，充分发挥各经济主体和公众在农村面源污染控制中的主体地位，并加强对政府农村面源污染控制工作的监督。

4.3.3.2　企业在农村面源污染多中心治理中的角色和责任

市场机制的本质是不同的市场主体以自愿交易的方式实现各自利益的最大化。企业参与农村面源污染的治理主体来自于从事农化品加工、贸易、制造等乡镇企业。市场机制主体的动力，来自营利组织和个人的"经济人"动机。其"经济人"的行为方式的改变，也可以构成农村面源污染治理系统的一部分。从事农药、化肥产品经营活动的参与者经营决策对生态环境状况产生直接影响，甚至从根本上改变农村生态系统的结构功能。提高企业的生态责任对维护农村生态资源系统的平衡具有重要意义。这也需要区域和国家采取国家性公共政策行动，如提供激励机制等措施。

农村企业或乡镇企业是治理农村面源污染的市场主力。乡镇企业一方面在促进农村经济发展、解决农村剩余劳动力转移、推动城镇化发展中提供了大量的物质和技术基础，但是乡镇企业在发展的同时由于企业生产的不经济性，也给农村环境带来了生产污染，如：化肥厂的废水排放，造纸厂的废水废气排放带来的气体、液体污染。所以，政府作为社会系统的管理者，多中心治理模式的主导者，通过财政手段、市场交易手段、绿色融资等手段对乡镇企业的经济活动进行调节以达到保持环境和经济社会发展相协调的目标。

乡镇企业在多中心治理模式中是治理的有力力量，乡镇企业在治理污染中有着雄厚的资金和技术实力，治理污染的效率也比较高，但是乡镇企业是盈利性企业，追求利润最大化，在生产过程中只考虑企业利润，超标超量排放废弃物，出于自身考虑乡镇企业也不会去主动治理污染。因此，乡镇企业在治理污染时需要政府部门、多中心治理组织的强制与监督。

乡镇企业既是农村面源污染的制造者，也是污染治理的生力军。乡镇企业一旦遵守政府的排污规定同时承担社会治污的责任，那么发挥企业的优势，发挥企业的先进技术优势，利用企业的经济资源在治理污染中也会有显著成效[130]。

4.3.3.3 农户在农村面源污染多中心治理中的角色和责任

(1) 农户在农村面源污染多中心治理中的角色

中国当前的政府环境管理模式和体制对于农村环境污染的治理将难以发挥作用。其中将广大农民排除在决策监督主体之外是最大的缺陷，而农户恰恰是农村环境保护和治理中一支不可或缺的重要力量，主要表现在以下方面。农民人数众多，如果发挥他们的积极性，就可以改变目前政府孤军奋战环境治理的格局，形成"自发秩序"，可大大地降低制度运行的成本。广大农民既是面源污染的制造者，又是农村面源污染的受害者，他们对于本地哪里有污染，污染的严重程度和具体情况最清楚。农民是农村环境污染的直接受害者，可以通过宣传教育让他们懂得污染的危害，对农村环境污染极为敏感，发挥他们在环境污染治理中的监督管理作用。农村环境保管仅仅依靠政府是行不通的，它需要广大农民的共同参与，这样可以改变"违法成本低，守法成本高"的现状。农民是农村环境保护的力量渊源和最终动力，离开他们的参与，环境保护也会像无本之木、无源之水而停滞不前。农民是治理农村面源污染的主力军，也是治理农村面源污染的受益者。农民是资源环境的相关者，天然拥有参与资源环境治理的权利和义务。农村面源污染直接影响农民的生产、生活居住环境，治理农村面源污染对农户的生产生活至关重要。农民作为消费者，其自身行为或行动也是有力的治理力量。例如选择购买环境友好的产品，比如绿色环保家电、使用沼气或太阳能灶和能耗低的农机设备等，通过市场影响商业活动的环境行为。农户在农村面源污染的治理中应该发挥主人翁的作用，把治理农村面源污染、改善农村环境当做自身的责任。限制了农民参与环境管理，限制了政府对环境治理与保护的力度，也就限制了他们对美好与舒适环境的追求。因此，我们必须调动农民群众参与农村环境保护的主动性和积极性，最终形成全社会支持和关心农村环保工作的良好氛围，使农村环境保护成为亿万农民群众的全社会的共同事业和共同行动。

(2) 农户在农村面源污染多中心治理中的责任

1) 农民参与的多样化。农村环境管理农民参与的多样化是指农民能够实现全方位、多渠道的参与，形成全面的、系统的合力，推动农村环境保护的发展。农民参与环境管理的形式主要有三种。一是观念性参与，它既是最重要、最深刻的参与方式，又是最广泛、最基本的参与方式。一切的改变往往都是从观念的改变开始，因此政府要积极宣传农村环保的相关理念，加强群众的环保公德教育，要让绿色生产理念和环境保护意识在群众思想深处生根，对实际生产、生活中的环境问题足够重视，负有环境管理的社会责任感，并转化为每个公民个人自觉的生产规范和生活理念。二是合作性参与。它既包括与政府、政府间组织、科学界、私人部门、非政府组织和其他团体互动、支持、交流、配合，共同致力于农村环境保护，也包括引进环保技术和先进经验以及国际的环保资金，让它们服务于中国农村的环境保护事业。对于农村环境保护而言，广泛的合作具有十分重要的意义。三是政策性参与。向村民公开环境质量标准、环境政策、执法依据、办事程序、收费项目和标准等多项环境管理内容，让农民参与农村环境保护和环境管理的全过程，为农民参与农村环境管理提供信息保证，这是农民参与行为真正落实的关键。对一些群众反映强烈的环境污染事件，必须实行环境状况通报制度，让农民了解辖区的环境状况。此外，邀请村民参与认证会，避免决策失误，要让农民参与新建项目的环境影响评价论证会。建立和完善激励机制，对在农村面源污染治理及生态保护工作中做出重要贡献或提出决策性建议的农民给予一定的物质激励，并形成一个完整配套、全方位、协调平衡一体化的农村环境综合政策体系[131]。

2) 农民参与的理性化。由于农民是理性经济人，农民往往多在利益驱动下做出理性的选择，农民对农村环境管理的参与也是从理性角度出发而进行的条件最大化下的选择，因此要从理性经济人为获得最大利益而行动的角度制定相关的制度引导农民自觉、自愿地参与农村生态环境保护工作。加大对农民的物质支持，满足农民的生存需求。根据发达国家的经验，农民的收入增加了，生存需要满足了，当经济发展到较高水平时，人们的生态环境需求才会出现，就中国而言，这一过程要经历一个较长的时间。只有增加农民的收入，农民才会自发产生对良好生态环境的需求，才会主动地对周边环境加以保护，进而自觉地参与到农村面源污染治理及生态环境保护中。加强对绿色农产品的宣传，扩大绿色食品消费市场，引导市场消费需求，在促进农村经济发展的基础上，实现与生态环境保护共赢。同时，通过市场机制来引导农民的参与，实现绿色食品和环保产品的生态效益货币化，要提高农副产品商品化率，对绿色食品和环保产品实行优惠价格，让农户从参与环保的行为中获得实实在在的经济利益，提高农民自觉参与环保的积极性。让农民学习一些专业知识，如让农民正确认识化肥对于粮食增产的作用，学会科学使用，而不是盲目使用农药和化肥。加强农民的环境保护教育，让农民能够从根源上认识到农村生态环境与其生活的密切相关性，深刻理解环境破坏对其生活带来的不良影响与严重后果。积极倡导广大农民在生产和生活中革除陋习，倡导科学、环保、文明的生活方式。

3）农民参与的有序化。实现农民参与农村环境保护的有序行为，是一种双赢的政治参与行为。农村环境管理农民参与的有序化是指农民在法律、法规和制度规定的范围内，合程序地、有步骤地、合规范地参与农村环境保护。它不仅能有效地表达农民的环境要求与环境利益，而且可以形成农民与政府之间的良性互动，从而促成政府环境管理工作的改进和管理绩效的提高。其主要内容表现在以下三方面。首先是农民参与的合法性。具体表现为对现行法律法规和国家基本政治制度的遵循，以及农民参与途径方式的合法利用。其次是农民参与的程序性。任何政治制度都要通过政治运行得以实现，农民参与的程序化利于政治体系的稳定和社会的有序发展。其实现的效应在很大程度上取决于人们对程序的遵守，体现为农民对参与程序的遵从，归根到底是对政治制度的认同。这既是社会和谐发展的要求，又是政治进步的表现。再次是农民参与的合理性。合理性的农民参与，标志着农民公民意识的成熟。主要表现为对参与目标的合理确定，以及对参与方式的正确选择。对农村环境问题的合理分析，对相关法律、制度的遵循，并注重进行"成本收益"评估，以选择消耗最少、利益最大的参与方式。

4）农民参与的组织化。农民环境组织主要分两大类，一是以社团为单位开展环保活动、组织环保宣传的临时性组织；二是以单位、部门为主体组织环保协作则较为固定、较为经常的业务性组织。公民有组织地参与政治活动已经成为当前各国政治发展的重要趋势之一。亨廷顿指出社会组织是现代社会政治稳定的基础，也是政治自主的重要前提，还是获得政治权利的重要路径[132]。所以说只有形成一定环境保护组织，吸引农民参与其中，才能够不断提升农民对农村生态环境保护的参与度。与此同时，这些环境保护组织也是农民参与社会政治的基础和组织保障，是实现环境民主的主要途径，也是一支有影响力的社会力量，在农村生态环境保护中发挥着重要的作用。其作用主要表现在以下四个方面。从组织功能看，在法律允许的范围内，农民环境保护组织是政府和农民之间起到"纽带"和"桥梁"的作用，能够真实地向政府相关部门反映农民的意见，有力地推动了政府把权益真正赋予农民，为农村环境事业建言献策。从表达功能看，当农民个人作为分散的个体和孤立的个人面对环境问题时，他们更需要团体力量的支持。农民环境保护组织，其本身天然地和农民具有密切的联系，是农民自发建立的，表达农民对环境保护的观点。从教育功能看，强化环境道德的功效，促进农民生态环境保护意识的提高。农民环境保护组织可以对农民以自我参与为主的和开展形式多样的环境教育活动，进而使得农民环境保护意识得到提高，引导农村积极参与非政府组织的各种生态环境保护活动。从监督功能看，政府的行为是否合法、是否到位，还需要公众的监督。因为政府在环境管理中既是管理者，又是被监督者。农民环境保护组织，作为社会力量的主要代表，有着十分重要的环境监督作用。

4.3.3.4　多中心治理组织在农村面源污染多中心治理中的角色和责任

（1）多中心治理组织在农村面源污染多中心治理中的角色

农村面源污染的协调者——多中心治理组织。农村公共物品的供给者由政府、农户、市场和相关组织共同组成。在农村面源污染治理供给中，需要一个这样的机构，倡导农村面源污染治理的决策过程中政府、农户、市场及相关组织共同参与，维护农村地区的生态恢复和生态安全。本书构建了这种联盟机构，称之为农村面源污染多中心治理委员会。

（2）农村面源污染多中心治理委员会特征

非营利性是农村面源污染治理委员会主要特点。在国外的现实政治生活中，解决和减缓环境污染等问题，非营利组织越来越多介入国际事务，成为区域以及全球公共产品的供给者。因此本书将农村面源污染多中心治理委员会的性质界定在区域非营利组织，发挥非营利组织在决策、执行和信息上的优势，弥补政府组织管理的不足。借鉴国际非营利组织的特点，农村面源污染多中心治理委员具有如下特征：

1）非政府和自主管理的社会组织。这一点强调了农村面源污染多中心治理委员最为重要的特征，非政府性，即强调农村面源污染多中心治理委员在制度上与国家相分离。同时，这一点也引申出了农村面源污染多中心治理委员本身不带有国家所赋予的带有强制性的权利。

2）非宗教性和非政党性质的，不谋求政治权力的社会组织。农村面源污染多中心治理委员不遵循常规的政治程序，如选举和组织政府等，不介入政治权力斗争。这一点与非政府组织的非政府性是有区别的，着重强调了农村面源污染多中心治理委员所开展活动的方向和特性具有一定的社会公益性。

3）非营利性的社会组织，即非营利组织还应具备非市场性。农村面源污染多中心治理委员的活动或它们所提供的产品与服务，不是利润取向的。各种追求利润的企业性组织，公司、银行以及大众媒体等都不是非政府组织。农村面源污染多中心治理委员的资金来源渠道有很多种，资助可能来自于政府、农户、乡镇企业和其他相关组织，甚至可以接受外国政府、各国际组织、国际企业以及跨国公司的募捐等。

4）具有一定志愿性。农村面源污染多中心治理委员的组成带有志愿性质，成员中有相当部分的志愿人员。非营利组织的一个首要的组织原则，凡是参加者都愿意效力于解决该组织所针对的特定的社会性问题，如保护农村生态环境或保护农业资源。

5）采取网络式的组织体制。农村面源污染的多中心治理委员之间是平等的，各委员在自愿的基础上结合在一起，通过民主、非强制的方式开展组织活动，而不是集中领导的、垂直的等级体制。非营利组织体系内，各非营利组织的地位也都是平等的，是自主地开展各种治理活动的，不存在垂直等级式的管理体制。农村面源污染多中心治理委员侧重于网络管理，试图说服政府决策者在农村面源污染治理上摆脱现有的、地方保护的模式，鼓励农村地区资源进行生态系统管理，确保相关资源合理利用，促进农业可持续发展。农村面源污染多中心治理委员可以建立治理农村面源污染的伙伴关系，加强全国以及地方各利益相关者之间的对话，实现农村资源生态安全的目标。

(3) 农村面源污染多中心治理委员构建原则

本书借鉴了里约宣言和区域环境实践，农村面源污染多中心治理委员构建原则沿用了透明原则、多方参与原则和中立原则基本内容，试图解决治理农村面源污染组织架构问题。

1）透明原则。透明度对于增强多边组织的责任性具有重要作用。信息的透明与获取，保证对环境资源状况知情权可能是公众参与的第一步，获取信息对于好的决策至关重要。环境资源信息的供给不足，使相关的环境资源利益相关者不能够获取有关基本环境条件和环境资源威胁的可能性的信息，也就使他们无法更多地参与有关环境资源的对话。因此，农村面源污染多中心治理委员构建的一个重要的原则，即自己是治理农村面源污染的信息交换所，这种开放信息的政策形象化地说明使所有关心和对农村资源感兴趣的人都有权使用中央数据中心。

2）多方参与原则。组织管理仅仅能够确保信息的获取，但很难保证好的社会环境的形成，而公众参与则是良好的社会环境形成的基本要素之一。为了满足特定的条件，公众的涉入可以采取多种形式和出现在不同的层次上。以大多数的要素看，公众涉入的意思是应给当地社区、地方政府、学术界、利益群体在政策的形成和项目的规划中赋予角色。农村面源污染多中心治理委员与政府部门相互补充，即来自各种背景、利益群体、不同观点的代表组合在一起，建立了一个公共场所让大家争论环境与发展的问题。

3）中立原则。倡导中立原则，意味着这个组织机构对资源环境维护的功能。农村面源污染多中心治理委员是一个区域决策的非政府间的机构，委员会的责任以维护农村资源安全为己任。确保非营利组织参与尽可能避免趋向特殊政治利益的危险，否则相关决策有可能有利于一个群体而不利于另一个群体，奥尔胡斯公约的实施经验表明，只要建立良好程序化的环境制度，就可以形成集中和分享主权、又不对国家的利益构成威胁的安排。

（4）多中心治理组织在农村面源污染多中心治理中的责任

多中心治理组织指社会公众组成的非营利性组织。它们是不受政府影响的多中心治理主体因素，他们的宗旨在于监督农户、企业、政府对农村面源污染的治理，积极反映社会公众对农村环境的美好愿景，努力改善农村环境，提高生活环境质量。多中心治理组织在农村面源污染的治理中扮演着协调者和监督者的角色。在农村面源污染的治理中主要是向政府部门反映农村面源污染问题和监督农户、企业、政府的治理行动和成果，出于环保的目的在污染治理中发挥积极作用[133]。

多中心治理组织的有效监督主要表现在多中心治理组织的成员散布于农村环境的各处，有利于对农村环境的各个方面进行监督，由于成员都是社会公众，是对农村美好环境的渴求者，因此他们的监督更加严格，同时这种监督成本也比较低，是一种低成本、高效率的监督模式；多中心治理组织是农村环境的真实反映者。组织成员生活于农村，对农村环境有着最真实的反映，他们通过举报、建议等方式向政府部门反映他们对农村环境改善的期盼；多中心治理组织是多中心治理模式的协调者。多中心治理组织通过沟通政府、企业、农户，全面提高农村面源污染治理的效率，节约政府与企业、政府与农户之间的信息沟通成本。多中心治理组织在农村面源污染多中心治理模式中发挥着监督者、协调者、反映者的作用，通过自身的农业生态环境知识的监督、宣传等手段，努力营造、改善农村生态环境。

4.4 农村面源污染多中心治理创新机制

运用多中心理论治理中国农村面源污染，本身就是一种创新。在资源有限的前提下，必须发挥生产力中最活跃的因素——人的作用，因为任何机制都是人设计出来的。穷则思变，治理农村面源污染就是协调资源和环境的友好关系，何以解困，唯有机制。随着人类社会经济的迅速发展，环境问题也愈来愈严重，农村环境管理创新机制显得至关重要。农村环境管理创新机制关系到农村可持续发展，更关系到全面建设小康社会和构建和谐社会。

4.4.1 创新农村生态补偿机制

国家应以环境保护税的形式将现有的耕地资源使用费、环境污染费等地方性收费项目固定下来，以税收的形式提高农户的环境保护意识，增加其污染环境的机会成本。鼓励发展生态环境整治、资源综合利用、污染治理、农村综合开发等项目，同时扩大环境保护税的征收范围。恢复生态环境的项目应给予大力度的税收优惠，并根据专款专用的原则，将环境保护税主要用于地方政府改善农村生态环境的专项基金。同时要认真审查现行的税收制度，要将其中不利于生态环境保护与治理的相关政策法规进行剔除或修正，要严格控制项目招商的环评，对已招商的并对环境造成威胁的项目应当通过法律手段和行政手段给予坚决制止，国家应该对乡镇地区生态环境进行保护或治理。对于废弃物无害化处理产业，对于一些亏损或微利的废旧物品回收利用产业，可以通过政府补贴和税收优惠政策，使其能够获得社会平均利润。国家严格控制农村生态功能保护区和生态脆弱地区的发展方式和发展规模是生态补偿机制的一个重要方面。可考虑开征农村生态环境建设补偿税，剩余的归中央统一调配，将税收的适当比例用于农村生态环境保护和修复。生态环境补偿机制是实现环境公平的重要手段，通过完善财政转移支付制度，有利于提高农村生态保护效率与环境治理质量，也将对农村经济社会的可持续发展起到积极的推动作用。对生态脆弱地区和重要生态环境功能区进行补偿，并将征收范围限定在资源开发类企业或者污染企业[134]。

4.4.1.1 生态补偿的利益相关者和相关链分析

生态补偿的相关群体包括三类：核心利益相关者、次要利益相关者和边缘利益相关者。生态补偿利益相关者以生态环境为中心，以生态支付成本为纽带，构成"支付–补偿–环境–受益"的利益交织链条（图 4-2），在各种调节机制的作用下，形成"成本（或受益）–行为"反馈机制，鼓励生态友好行为，惩罚环境破坏行为，以生态成本激励等手段对各利益相关者对环境投入进行调节，从而保障环境利益最大化的实现。

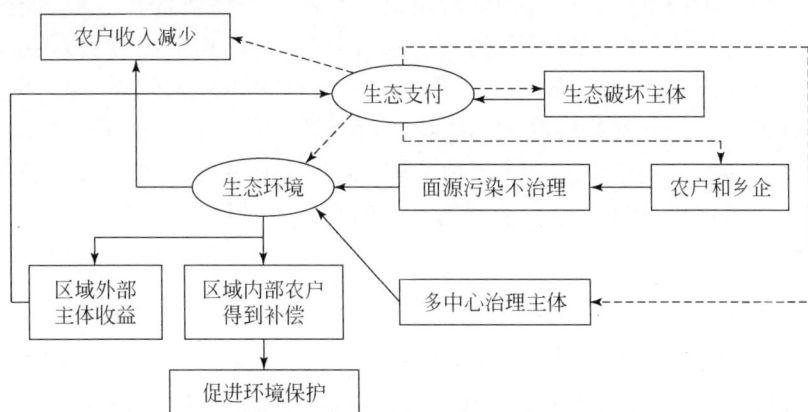

图 4-2　生态补偿的利益相关链

4.4.1.2　基于 DPSIR 模型生态补偿机制

围绕治理农村面源污染问题，运用生态补偿理论，并通过 DPSIR（driving forces-pressure-state-impact-response）模型分析、研究中国农村生态补偿的机制创新。建立生态补偿制度，推进农村生态环境的管理和保护是解决当今农村生态环境问题的理性选择。治理农村面源污染，创新农村生态补偿机制，其结果和目的就是实现人与自然的和谐统一，人类必须改变自身行为方式和对待自然的错误态度，促进农村生态环境的良性发展，推动农村经济的可持续健康发展。

（1）DPSIR 模型概述

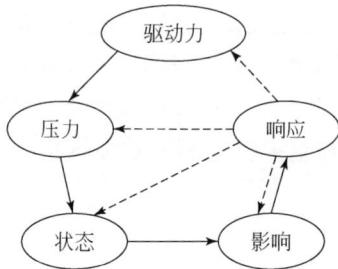

图4-3　DPSIR 模型示意

DPSIR 模型是欧洲环境组织（EEA）为综合分析和描述环境问题及其与社会发展的关系而发展起来的。该模型涵盖经济、社会、环境三大要素，不仅对社会、经济发展和人类行为对环境的影响进行了阐释，也表明了人类行为及其最终导致的环境状态对社会的反馈，同时，DPSIR 每个组成部分之间的因果关系不仅仅是静止的，更多的体现了一种动态机制。DPSIR 模型如图4-3 所示。

（2）生态补偿响应机制的 DPSIR 分析

人类对良好生存环境的追求促生了生态补偿响应机制的形成。如图4-4 所示的 DPSIR 模型表明：社会、经济、人口的发展作为长期驱动力（D）作用于环境，因而对环境产生压力（P），造成生态环境状态（S）的变化，从而对生态环境造成各种影响（I）。这些影响促使人类对生态环境状态（S）的变化作出响应（R），相应措施又作用于社会、经济和人口所构成的复合系统或直接作用于环境压力（P）、状态（S）、影响（I），产生相应的效果和作用。生态补偿是促使这些措施实施的根本路径，人们不仅采取生态学手段对原生生态系统进行保护和对受损的生态系统进行恢复，还常采用经济学的手段来进行，既有主动的积极保护措施，也有被动的补救措施，补救措施往往需要付出较高的生态环境治理成本。

（3）生态补偿运行机制的 DPSIR 分析

从图4-5 生态补偿运行机制 DPSIR 模型中可以看出，生态补偿机制运行的启动是生态环境的恶化导致的良好生态环境的需求，生态补偿机制运行的纽带是生态支付成本。当生态补偿机制实现平稳运行或加速运行时，生态补偿机制就可以

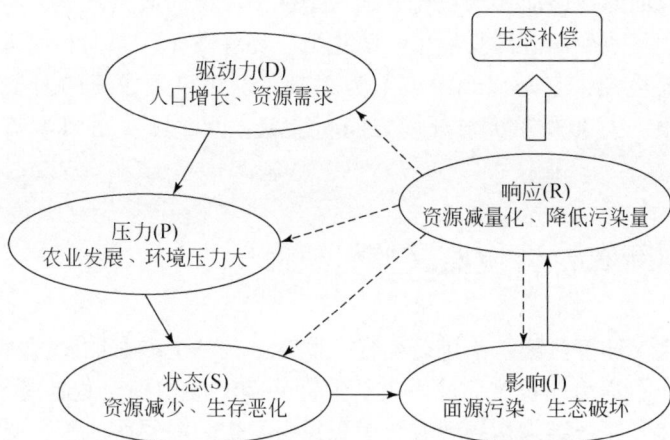

图 4-4　生态补偿响应机制的 DPSIR 模型

产生积极的效果,对生态环境进行正向响应。生态支付成本注入环境治理中,加快了环境恢复的速度,进而对生态环境产生积极的影响,政府、市场和农户相关主体及环境客体产生响应,这些响应同时又反作用于压力、状态和影响,使之在不同程度上得到弱化、改善和促进,进而使其朝着有益于环境改善的方向发展,促进环境的可持续发展,最终实现人地和谐的人居环境。综上所述,中国农村再也不能以进一步牺牲资源环境为代价片面地追求经济的快速发展,但我们也不可

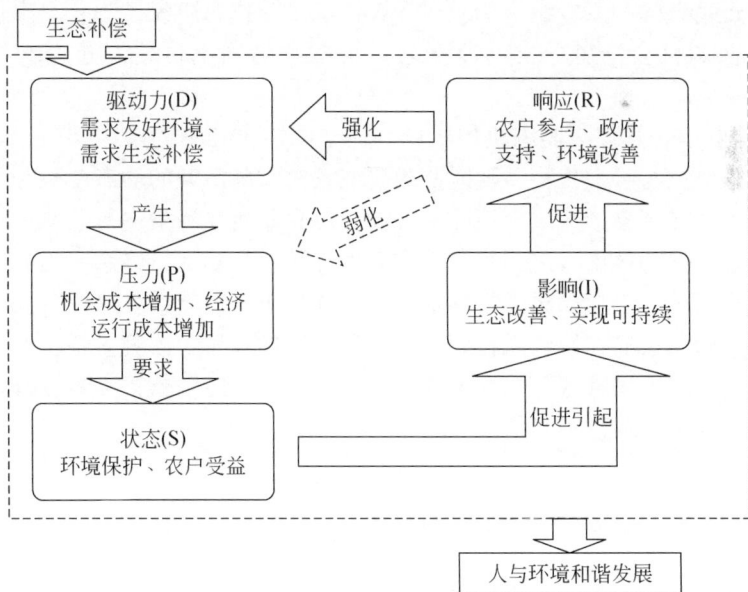

图 4-5　生态补偿运行机制 EPSIR 模型分析

能为治理农村面源污染而要求农村各地为了保护环境而放弃发展。所以说，建立生态补偿制度是减少面源污染发生、防止生态环境破坏、增强和促进生态系统良性发展的重要途径，它是以经济调节为手段，以法律为保障的新型环境管理制度，也是从根本上确保经济与环境之间、区域之间、城乡之间协调发展的有力保障[135]。

4.4.2　创新农村环境监督监管机制

对农村生态环境污染防治进行监督、监管，是一个动态的全过程，是行之有效的途径之一，是治理农村环境污染的关键环节，应做到全程监管、全程监督。城乡分割、二元经济结构是导致农村面源污染发生的深层次原因，必须建立城乡统筹协调的环境保护新机制。

1）完善相关法律机制。加大力度制定相关法律法规和政策，确立地方监管、国家监察、部门负责的环境监管体制和完善农村环境监督监管体系以及环境管理体制。改变过去对领导干部的考核方法，按照区域生态系统管理方式，明晰并厘清相关执法部门要务、职责，在政府决策者的相关政绩考核体系中明确纳入农村环境治理相关指标，进一步完善政府政绩考核的评价指标体系和评价结果反馈机制。构建覆盖一定范围的环境监测协作网络，借助建设新农村的动力，推进水质、土壤、生态监测体系的建设，在农村建立环境监测机构，不断提高环境监测能力。实现信息的共享，统一新农村环境信息传输技术协议，为公众提供了解环保参与环保的机会，实行自动监测与污染数据的网上传输，办理电子政务的窗口[136]。

2）建立健全管理与监测机构机制。在不同性质和不同层次部门，建立相应的面源污染监测与管理机构，随时监测研究农村面源污染的动态变化，掌握发生的规律并力争在污染形成之前消除污染物。对农业面源污染进行监测，会全面反映污染治理实施的效果，进一步完善农业生态环境监测网络体系，提升监管检测能力。建立高效的农业面源污染预报预警系统和快速反应系统以及重大农业面源污染事故监测体系。加快建立化肥、农药等化学投入品的监测体系，切实加强化肥、农药等农资市场管理，建立统一的生产、销售、使用档案资料，有效实施农业生产全过程的管理监控。

4.4.3　创新全民环保育人机制

1）构建农民生态环保意识。在新农村建设过程中，对新型农民特别是具有良好的生态环境保护意识的新型农民的培育是非常重要的，也是非常必要的。农民是保护和治理农村生态环境的一支重要力量，是享受和改善农村生态环境质量的主体。因此应加强以下方面的建设。加大农村基础教育中的环境教育力度。应将环境教育纳入农村基础教育之中，目前，中国的环境教育缺乏普及性、系统性和可持续性，依旧延续"点水式"教育。因此，应该将环境教育列入学校考核考评的一项重要内容。要实现农民生态环境保护意识的提高，就必须要加强生态环境的相关宣传教育。积极弘扬环境文化，倡导生态文明，逐步向农民渗透环保的必要性和重要性，将环境保护工作的宣传教育重点从城市转向农村，大力宣传环境保护的基本国策和相关的环境保护法律法规，以环境文化丰富精神文明，以生态平衡推进社会和谐，以环境补偿促进社会公平。同时，树立环境问题的紧迫感、危机感和使命感，要将提高农民环境公德与普及环境科普知识、环境道德、环境思想等结合起来。不断加强环境宣传教育的方式和手段，促进公众环保意识的全方位提升，创新采用农民更常见、更容易接受的方式宣传环保知识和环境文化，大力发展生态文化。环境教育不是简单的灌输，充分运用新闻媒体等多种手段，通过多种外部可接纳形式将之内化和外化的过程。在书画、文学创作、摄影等文学艺术领域，积极开展多种形式的生态宣传教育，在"世界环境日""水日""植树节""全国土地日"时，积极开展各项宣传活动，并将之以制度固定下来，充分发挥环保团体、文艺团体的重要作用。

2）创新宣传机制。加大创新宣传力度，让农民了解化肥有效利用率不高和不合理施肥，是农业面源污染的源头之一。加强对农民的培训，使农民了解生态农业和解决农业面源污染的新技术。只有他们得到应有的技术指导和信息服务，才能真正解决农业面源污染的危害。加强对农民的宣传和教育，让农民知道农业面源污染的危害和原因，认识到控制农业面源污染对于农业环境安全，对于巩固农业的基础地位，进而确保全面建设小康社会宏伟目标顺利实现的重大意义。要重视舆论宣传，充分发挥电台、电视、报刊、网络等大众媒体的作用，因地制宜地设计群众喜闻乐见的载体，多层次、多形式地普及农业生态环境知识，提高公众的认知度、环保意识和参与意识。对重点人群、重点地区进行重点宣传、教育和引导，让群众充分认识到农业面源污染对社会危害性和治理工作的重要性。进一步加大宣传力度，提高全社会对农业面源污染治理工作重要意义的认识。加强对农民的环境教育与培训，逐步让农民树立起农业资源的忧患意识、环境保护的参与意识。

4.4.4 创新农村环境管理投入机制

1）创新资金投入机制。随着经济的快速发展，加大国家投入和扶持力度，提高农村生活质量，维护农村生态环境系统良性循环，是保持农村经济社会健康、持续、稳定发展的重要途径。中国已经初步具备了工业反哺农村和城市支持农村的能力，因此，中国应加大财政资金转移支付力度，加大对农村生态环境保护的投入，弥补农村污染治理设施建设和农村环境管理体系建设资金的不足。除加大国家投入之外，鼓励当地企业进行环保投入，按照"谁投资、谁受益"的原则，政府积极引导企业资金、社会资金参与农村环境保护基础设施的建设。同时国家应出台相关的政策，设立农村环境治理方面的专项资金，加强对农村环境保护的转移支付，并赋予地方政府充分的自主权，由政府根据各地的实际情况统筹管理，同时出台相应的法规条例对资金的落实情况和使用情况进行有效的监督，确保专项资金能够充分发挥效用。地方政府应出台相应的激励措施，包括设立环保补贴资金、减免费用和融资租赁等融资模式，有条件的地区可以适时推出BOT，拓宽农村环境保护资金来源渠道，以达到环境效益与经济效益双赢，促进农村环境保护与治理相关工作的有序开展[137]。

2) 构建生态补偿机制的投入。城乡分割、二元经济结构是导致农村面源污染发生的深层次原因。财政应进一步调整支出结构，加大节能减排投入，并逐步向农村面源污染防治方面倾斜，建立生态补偿制度，将生态补偿机制引入到农业面源污染控制中，能够有效地控制农业面源污染的继续蔓延，达到生态环境改善和农民增收的"双赢"目的，满足人们日益增长的生活和福利水平提高的需要的同时，能够保护环境，达到人与自然的和谐相处。

4.4.5 创新治理市场化机制

政府要在新农村建设中深化污染治理管理体制改革，大力发展环保产业，将污染治理设施建设和运行推向市场，建立社会化、多元化环保融资机制，实行政企分开、政事分开，运用经济手段推进治污市场化进程，引入竞争机制，这是加大新农村环境治理投入力度采取的重要举措。因此，通过市场的力量，选择投资主体和经营单位，经过公开招标方式，吸收更多的民间资本投入。同时，按照排污者付费，排污者与治污者适当分离，治污者收费的原则建立经济关系。面源锦标赛排序法是一种基于比赛的排放方法，能够有效地避免那些采取了污染减排措施的成员与没有减排的成员接受同样惩罚。利用面源锦标赛排序法进行环境治理的方法其实是一种介于环境税和随机惩罚制之间的中间途径，该方法之所以可行，很重要的原因就是获得比赛排序的信息要比获得基数信息更加容易。因为一般来说，管理者需要对整个地区的农村面源污染情况进行监管，基数信息多且繁杂，获取不易，根据居民的减排治理情况以及治污投入情况对乡镇企业进行排序，这种信息就较为容易获取。政府利用该排序对农村环境治理进行奖惩，若整个地区的环境质量低于理想值，那么就可以对排名最靠后的一个或多个企业进行惩罚，若整个地区的环境质量高于理想值，那么可以对排名最靠前的企业进行奖励。通过面源锦标赛排序法，政府就可以依据真实有效的排名而不是根据对企业污染排放的绝对值，对乡镇企业在环境保护方面的工作进行奖惩[138]。同时，进一步开展国际合作，争取优惠贷款和赠款，积极争取外资，不断探索农业生态环境保护和农业面源污染防治工作的多元化的投入机制，适应形势发展的需要。

4.4.6 创新科技支撑机制

推进科技进步，为解决农业面源污染提供技术保障。加强农业面源污染的科学研究、国际交流与合作，培养和锻炼一批科技创新人才。深入开展生态农业理论、实用技术的研究，为生态农业和农业面源污染防治提供有利的技术保障。要建立健全农村环保技术推广服务组织和体系，努力做到"示范到户、科技下乡、运用到田"。建立有利于环保科技成果转化的运行机制和组织体系，保护农村环境要加强适用于农村资源特点、自然条件、生产特点以及与发展农村循环经济、农村产业结构调整、生态农村相配套的技术研究开发和环境科技基础设施，加强先进适用技术的示范和运用，搭建农村环保科技专业的研究平台，促进农村环保科技成果转化为生产力。在新农村建设中，建立农村科技人才库，制定农村环境科技创新成果作为要素参与分配的制度，培养农村环保科技人才，积极营造有利于农村环保科技人才发挥作用的机制。

1）完善化肥、农药使用机制。利用生物杂交、生物遗传技术培养出高产、抗病、固氮的作物，可以减少化肥、农药的使用；通过杂交育种技术培养具有特殊降解、吸收能力的植物、微生物等，利用它们吸收过滤地表径流、净化污水。通过堆肥处理，不仅有效地解决固体废弃物的出路，解决环境污染和垃圾无害化的问题，同时也为农业生产提供了适用的腐殖土，从而维系自然界物质的良性循环。为防治化肥流失造成的农业面源污染，应大力推广土壤诊断、植物营养诊断技术、测土配方施肥技术。施肥时采取深耕深施，结合节水灌溉技术，减少肥料流失，提升科学施肥水平。大力推广有机肥和平衡施用氮磷钾肥及微量元素肥料。鼓励和引导增施有机肥、生物肥、专用肥、BB肥、长效肥、缓释肥和有机复合肥等新型高效肥料。积极推广以控制氮、磷流失为主的节肥增效技术，提高肥料的利用率。

2）创新农业病虫害防治机制。选用抗病虫的农作物良种是防治病虫害的最经济、安全、有效的方法。利用耕作、栽培、育种等农事措施来防治农作物病虫害；利用生物技术和基因技术防治农业有害生物；应用光、电、微波、超声波、辐射等物理措施来控制病虫害。加强病虫草害预测预报，及时向广大农民提供病虫草害发生情况及防治措施。严格执行各种农药的安全间隔期，在接近农作物收获期，一定要严格控制用药量、施药浓度、施药方法、施药次数和禁用时间等。调整优化农药产品结构，使杀虫、杀菌、除草剂之间的比例更趋合理。加快普及推广嫁接、轮作、防虫网、性信息引诱器、频振式杀虫灯和生物防治等先进实用技术。

3）创新农业废弃物的综合利用机制。积极开展秸秆饲料、秸秆发电、秸秆建材、秸秆沼气、秸秆食用菌、秸秆肥料等多渠道综合利用秸秆试点示范与推广。尤其要加大秸秆还田力度，要因地制宜采取与现行耕作制度相配套的粉碎还田、沤肥还田、过腹还田等省工、省时、实用的秸秆还田技术和方法，以减少化肥的使用量。重视对塑料农膜的污染防治，积极推广可降解地膜，鼓励多渠道、多途径积极回收农膜，切实提高塑料农膜的回收率。

4.4.7 创新公众参与机制

农民是保护农村环境的主体，要实行环境信息公开化，组织和发动农民投身到环境保护之中，体现农民的环境知情权、批评权。实行环境决策民主化，举行论证会、听证会等，征求农民的意见，没有农民参与就没有新农村环境的改善和保护。通过公开相关的环保信息，充分借助公众的力量，加强公众舆论氛围塑造和公众监督，对污染环境、破坏生态环境的企业或个人施加压力，促使养成良好的环境行为，特别是对解决住宅与畜禽圈舍混杂、村庄规划、人居环境改善以及村容村貌美化等新农村建设方面，在生产和生活的各个环节爱护自己的生存环境，保护农民的环境权益[139]。高质量的农业技术推广服务对控制农业面源污染至关重要，增加对农业技术推广体系的资金投入，加强农技推广体系建设，增强所有农技推广人员的环境意识与参与意识，要通过农民专业技术组织促进农业生产技术的提高，拓宽农民的培训方式，突出抓好农业面源污染治理的知识技术培训和法律培训，及时更新知识和技能，促进公正参与意识；进行农业标准化和无公害生产规程培训和指导，进一步提高生产者、经营者的农业标准化意识、参与意识和生产水平，大力推动生态农业建设和推广农业清洁生产技术。借助公众舆论和公众监督，通过公开相关信息，对环境污染和生态破坏的制造者施加压力。促使养成良好的环境行为，尤其解决住宅与畜禽圈舍混杂、在村庄规划、改善农村人居环境和村容村貌等新农村建设方面，在生产和生活的各个环节爱护自己的生存环境，保护农民的环境权益。组织实施以清洁家园、清洁田园、清洁水源为重点的"三清"工程，是改善农村环境和控制农业面源污染的关键措施。相对于清洁家园和清洁水源，清洁田园的难度最大，其公益性特征最明显，工作任务也最重，目前的进度也最慢，已影响到"三清"工程的顺利实施。因此，必须要保证清洁田园工程的资金投入，建立农业面源污染防治示范区，开展重污染地区的生态修复，加快清洁田园工程的实施进度。

与此同时，可利用生态补偿方式促进公众参与的积极性，比如利用资金补偿，即给采用保护农业生态环境的农户一定的补偿资金，保障其收益，这是最常见的补偿方式；实物补偿，即补偿主体利用物质形态的物品，如新品种、新生产工具等对客体进行补偿，实物补偿有利于提高物质使用效率；技术与智力补偿，即研发新的保护农业生态环境的技术，并将其推广和投入使用是一种技术补偿，对农户进行环保教育，提供无偿的指导、咨询是一种智力补偿；政策补，即上级政府对下级政府、对补偿对象的权力和机会补偿等。设计补偿的配套政策应充分结合农户意愿，采用多种形式相结合的有选择性的补偿方式。这些补偿方式从资金、技术、实物、政策等角度出发，在农户之间积极推广，可极大地调动农户保护农业生态环境，积极投身农业生产的热情，从而达到遏制农村面源污染的目的。

第 5 章　中国农村面源污染多中心治理对策

多中心治理农村面源污染要与中国的国情相适应，要与中国农村的发展状况相适应。中国农村不仅地域广，人口多，而且经济发展不平衡。本章主要对中国农村面源污染治理提出对策建议，主要以政府、市场和农户等多中心主体为轴，分别提出相应的治理对策，以提供更多的治理方法和手段。

5.1　以农户为主的农村面源污染治理对策

5.1.1　发展循环农业模式治理面源污染

大力推广示范"农田水微循环利用""稻田养鱼（鸭）""猪–沼–果（菜）"等新型循环经济发展模式和循环经济技术，通过物质、能源的多级循环利用，提高资源利用效率，进而降低农村面源污染的数量。如发展以沼气为纽带的庭院式生态农业模式，为获得最佳的生态效益与经济效益，将种植业、养殖业与沼气使用相结合。有效解决畜禽粪便对地表水、地下水和空气的污染问题，有效缓解农村人、畜禽粪尿给农村生态环境造成的污染。使用沼液替代传统的农药浸种，减轻农药对农田的污染，可减少农药的使用量；沼肥的施用可减少化肥和农药的施用量，提高土壤有机质的含量，沼液、沼渣是优质的有机肥，能够有效地降低化肥、农药对土壤、水体及农产品的面源污染，是农村地区发展无公害产品的重要途径之一[140]。"四维一体"的循环发展模式如图 5-1 所示。

5.1.2　发展生态农业模式治理面源污染

农村面源污染的治理要从源头上控制，建设生态化的农村和农业。由于化肥、农药的过量使用以及水土的严重流失导致农村水环境污染非常严重，因此要积极应用生态平衡施肥技术和生态防治技术，从源头上减少水土流失，进一步控制化肥、农药的过度使用，促进科学合理的施肥用药。积极做好退耕还林、还草

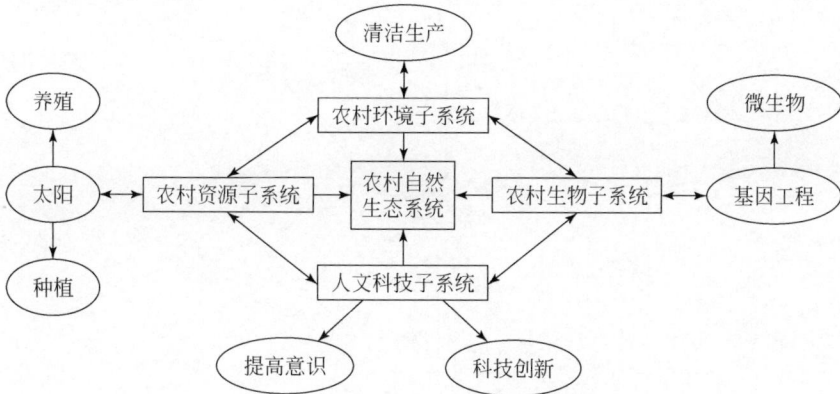

图 5-1 "四维一体"的循环发展模式

等工作,不断减少水土流失,同时结合节水灌溉技术等先进技术,提高农村水资源和化肥等生产资料利用效率。在生态农村的建设过程中,要将消除和防治农村的非点源污染作为工作重点,将控制农药、化肥、农膜等农用化学品的使用作为主要的工作内容,利用生态工程对农作物秸秆、畜禽粪便等农村生产生活残留物进行无害化处理,防止新的非点源污染的产生,要综合利用作物轮作以及各种物理、生物和生态措施加强农业生产中的杂草和病虫害控制,合理利用豆科作物、畜禽粪肥、作物秸秆、绿肥和有机废弃物等提高土壤肥力,促进农村实现生态经济的良性循环。此外,要加强化肥面源污染的控制,还要从源头上进一步减少化肥的使用量,在农村要积极加强替代化肥的宣传,积极研发和引进农村生产新技术,鼓励施用有机肥,引导农民发展有机农村、生态农村和绿色产业,从而有效减少农村禽畜粪便、化肥流失造成的农村面源污染。

积极加强生态农村建设,生态农村是利用生态学原理,它强调施用有机肥和豆科植物轮作,依据生态系统内物质循环和能量转化的基本规律建立的一种农村生产方式,化肥只作为辅助能源,在生产过程中尽可能少地施用化学农药,强调利用生物控制技术和综合控制技术防治农作物病虫害[141]。坚持将农村生态环境的保护与利用相结合,促进农村的可持续发展,使得农村的农业生产、环境保护、生态安全三者有机结合起来,促进经济效益、社会效益、环境效益的统一。

(1)推广农村能源综合利用工程

在农村积极推广农村能源综合利用工程,从而有效地减少人、畜、禽病原菌的交叉传染。加强农村沼气建设,人畜粪便自动流入沼气池中,将厕所和畜禽舍跟沼气池结合在一起,经过了厌氧发酵过程,不仅实现了家庭循环经济的物质循环,净化了农村环境,还能有效地解决畜禽粪便、生活垃圾等对农村生态环境造成的污染。家庭型循环经济物质循环如图 5-2 所示。

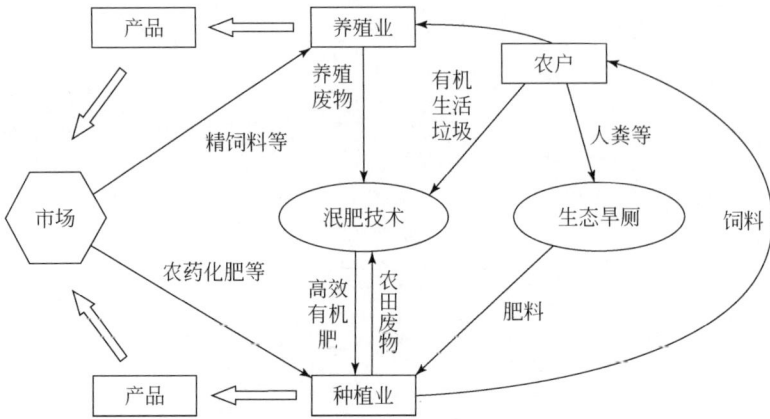

图 5-2　家庭型循环经济物质循环

（2）加大有机农产品基地的建设，全面落实农村面源污染治本措施

积极发展有机农业，发展循环经济，加快建设有机农产品基地，充分利用农业生产中畜禽粪肥、作物秸秆、绿肥和有机废弃物、豆科作物等，实现农业物质的多级利用。有机农业强调不施用人工合成的化肥、农药、生长调节剂、饲料添加剂等化学物质，在作物种植、畜禽养殖与农产品加工过程中，协调种植业与养殖业的平衡，遵循自然规律和生态学原理，采取一系列有利于农村可持续发展的农业技术，促进农业生产过程的持续稳定。同时积极落实国家关于污染控制与生态环境保护并重的环保战略，还要积极建设大型绿色食品、有机食品原料生产基地，实行标准化生产，全程实施质量安全管理，积极采用清洁生产，保障产品质量安全。建设高产、优质、生态、高效、安全的现代农村，把发展绿色食品、有机食品与生态环境建设和发展特色优势农村结合起来是提高增强农村竞争力、农村综合生产能力、提高农村综合效益的必由之路，也是持续增加农民收入的根本保证[142]。

（3）优化农村生态模式

积极建设生态农村，建设绿色村庄、美丽村庄、精品生态基地。通过创新农作物栽培方式，发展农作物间作、轮作、套种等，提高土壤利用率，改善土壤肥力。积极推广立体农村建设，促进养殖业圈养方式的推广，加快立体化乡村建设，重点加大生态家园的建设力度，合理规划农村区域布局，加强对大型畜禽养殖场的合理配套用地，通过"以地定畜"加快粪便就近还田，同时还要提高大型畜禽养殖场粪水资源的合理利用。控制水环境的面源污染，进行多种形式的治理并结合植树造林，作好水土保持工作，在山区河流上游河源区营造水源涵养林。水土流失剧烈的半山区和陡坡地段营造水土经济林、保持林，恢复湖滨生态系统提高抗御自然灾害的能力[143]。进一步提高森林覆盖率，充分发挥森林对农业面源污染的削减、缓冲和隔离作用，例如将湖边的农田改为防护林种植区，不仅可以有效地减少农药、化肥等对水资源的污染，还能加强农田的防风、固沙和保护水土的效果。此外，还要建立健全农业化肥、农药监控体系，严格控制农田的农药、化肥用量，从根源上控制面源污染的产生。

（4）畜禽粪水污染的有机化

加强对农村现有畜禽养殖场的污染排放监督管理，畜禽养殖场要严格执行 GB 18596—2001《畜禽养殖业污染物排放标准》实现污染物的达标排放。畜禽养殖场必须按规定取得排污许可证，在实施污染物排放总量控制的区域内，按照排污许可证的规定排放污染物。进一步加强畜禽养殖场建设项目的环境管理，在规划畜禽场选址和建设时要充分考虑其环境影响，尽量地实现畜牧业与养殖业的有效结合，使得养殖场附近的农田能够对其粪便等污染物进行合理消化。而改建、新建、扩建的畜禽养殖场则必须要按照项目环境管理的相关规定进行环境影响评价，评价合格后方可进行建设。各级地方政府还应积极加强对畜禽养殖污染的防治工作，在对畜禽养殖场的管理、工程建设、污染防治技术等方面深入落实畜禽面源污染的防治，在具体工作中实行资源化、无害化和减量化的原则和综合利用优先原则。通过分步实施、分片解决的思路优先对重点发展地区、环境敏感地区的畜禽养殖污染进行治理，进一步研究和推广畜禽粪便无害化处理技术和有机肥生产技术，建设一批污染处理试点工程，加快畜禽粪便转化有机肥的推广应用，不断减轻畜禽粪便污染。这类环保型企业由于其相对化学肥料生产企业在价格上不具备市场竞争优势，从而在一定程度上限制这类企业的发展，因此政府应对能够减轻环境污染的环保型企业实行一定的税收优惠政策和财政扶持政策，促进该类环保产业的发展。此外畜禽业的迅速发展对区域环境质量产生严重影响，但至今没有开展畜禽养殖污染的典型监测，不利于对畜禽养殖污染管理工作的开展，一些地方的地表水甚至地下水直观上已经污染。政府应联合相关部门建立健全畜禽粪便污染的环境监测机制，不定期对大型养殖场周边的生态环境进行排污情况调查和环境监测，并通过一定的奖惩措施，督促养殖场能够加强对畜禽粪便的管理，降低畜禽粪便带来的农村面源污染。

（5）科学合理地使用化肥和农药

有机肥营养全面，施用有机肥可以培肥地力，对生产有机农产品至关重要。养分释放均匀持久，改善土壤团粒结构，破除板结，增强土壤保肥保水能力，使土壤活性变好。长期施用有机肥，还可有效缓解重茬作物带来的危害，而且刺激农作物生长，提高农作物的抗逆性。有机肥不仅能够有效减少面源污染，而且施用成本较低，减少了化肥的施用，提高了土壤肥力，也有效地提高了农民的收入。把科学合理使用肥料、扩大有机肥施用面积作为重要内容，要实施保护性耕作示范工程，给予鼓励和支持。要在农村积极推广有机肥，扩大生态肥和有机肥的施用面积。生态肥是以有机肥和无机肥料按一定比例混合并添加某些种类微生物制成的肥料，跟普通化肥相比，含有较多的有机质和有益微生物。可通过微生物和环境的相互作用改善土壤生态环境，增强土壤的保肥能力，降低营养元素的迁移能力，提高作物吸收肥料中营养元素的数量和肥料的吸收利用率。积极推广测土配方施肥技术，通过技术手段对土壤物质含量进行测量，综合考虑植物生产所需的各种微量元素和需肥特性、土壤的供肥能力等，确定氮、磷、钾以及其他微量元素的合理施肥量及施用方法，科学合理地维持土壤肥力，在满足作物营养需求的基础上，减少肥料的过度施用，达到高效、优质、高产的目的。科学使用农药，提倡综合防治病虫害，加大低毒、无毒农药的研制和使用，减少农药对环境和农产品的污染[144]。

5.1.3　推广精准农业发展方向

精准农业是 21 世纪农业发展的必然趋势，精准农业技术的发展，有利于推动农业生产的知识化与信息化进程，促进农业经济增长方式的改变，有利于改变传统的农业技术思想，充分利用现代高新科技创新技术，为新农村建设、生态农业发展注入新的力量。精准农业能够有效地节约生产成本、提高农作物产量，具有较高的经济效益。但是目前由于精准农业的发展需要投入大量的设备、农机具以及土壤测试、技术维护等，对于小规模经营的农户来说，当前发展精准农业面临着较高的成本和技术难度，但是在大规模经营下精准农业的效益明显，并能够有效地降低单位面积的生产成本。因此各级政府应根据各地的农业自然情况，有选择地运用恰当的精准农业技术，例如，精准灌溉的推广，不仅技术门槛较低，也能够充分提高农田的水资源利用效率，在相对干旱的地区这一技术的发展和应用是十分必要的。除节水技术外，政府还应重点发展节肥技术，实施精准施肥，提高化肥资源利用率。目前中国多数地区的农田精耕细作的程度还在降低，大部分还是采用粗放管理、种植、经验播种和施肥的方式进行农业生产，因此可以看出精准农业的发展空间、发展潜力是非常大的，实施精准农业后产生的经济效益也是非常显著的。提高效率，根据管理单元的土壤特性和作物生长发育的需要，减轻面源污染程度。精准农业是在定位和导航的基础上，最大限度地发挥土壤和作物的潜力，管理作物的每个生长过程及各种农村物资的投放包括肥料、杀虫剂、除莠剂、种子等，从而降低消耗、增加利润，做到既满足作物生长发育的需要，又减少农村物资的浪费，并保护生态环境质量，使农村可持续发展[145]。

5.1.4　提高农户的环保意识

开展环境保护知识和技能培训，尊重农民的环境知情权、参与权和监督权，广泛听取农民对涉及自身利益的发展规划和建设项目的意见与诉求，掌握科学的农村生产技术，维护农民的环境权益，使农民了解污染的危害，真正把环境保护措施变为广大群众的自觉行动，使农户逐步成为农村面源污染防治的主力军，群众的广泛参与也将成为农村面源污染得到有效治理的重要前提。引导农民树立生态文明观念，要通过多层次、多形式的宣传教育活动，提高环境意识，充分调动农户参与环保的积极性和主动性。此外，还要进一步提升基层农业技术推广人员的环境保护意识和环保知识，增强其社会责任感，使其在进行农业技术推广的同时，不断向广大群众渗透环保知识，逐步打造一支稳定的、群众基础深厚的、工作范围广泛的农村生态环境保护宣传队伍和农村面源污染治理技术指导团队。通过宣传让农民知道农村面源污染的危害和原因，这对巩固农村的基础地位，认识到控制农村面源污染对于农村环境安全，进而确保全面建设小康社会宏伟目标顺利实现具有重大意义。重视舆论宣传，充分发挥电视、网络、电台、报刊等大众媒体的作用，因地制宜地设计群众喜闻乐见的载体。提高公众的认知度、参与意识和环保意识。对重点地区进行重点宣传、对重点人群进行教育和引导，让群众充分认识到农村面源污染对社会危害性和治理工作的重要性。同时，加强农技推广体系建设，增加对农村技术推广体系的资金投入，增强所有农技推广人员的环境意识，突出抓好农村面源污染治理和无公害农产品生产知识技术培训和法律培训，通过农民专业技术组织促进农村生产技术的提高，及时更新知识和技能[146]。进一步提高生产者、经营者的农村标准化意识和生产水平，进行农村标准化和无公害生产规程培训和指导，大力推动生态农村建设和推广农村清洁生产技术。

5.1.5　农户参与实施农村生态环境的综合整治

积极组织实施农村环境改善和农村面源污染控制的综合整治工程，加快推进以清洁家园、清洁田园、清洁水源为重点的"三清"工程。在三清工程中，清洁田园是工作任务最重、最难完成的，但也是公益性最强的，同时也是目前各地推进速度最慢的工程，在总体上拖慢了三清工程的整体推进。因此在实施过程中要加强对清洁田园工程的投资力度，积极建设农村面源污染控制典型示范区，加强面源污染治理的经验推广，重点开展重度污染地区的生态修复工作，从总体上加快清洁田园工程的实施。一方面通过发展"一池三改"（改厨、改厕、盖圈）户用沼气建设，集清洁田园、水源、家园于一体，实施"三清"工程。通过沼气综合利用，以"一气"（沼气）带"三料"（燃料、肥料、饲料）促"五业"（农、林、牧、副、渔业），可解决农民的生活燃料清洁化、农村生产无害化和农村经济良性化等问题。另一方面是加快建设有机肥加工生产推广工程，广泛宣传、大力推广有机肥生产加工技术，充分利用农村生产生活中的秸秆、畜禽粪便、农村生活垃圾等，从根源上减少这些污染物的产生和在农村生态环境中的留存，利用有机肥生产加工技术可以实现硫化钠回收率达到50%以上，综合废水中硫化物排放含量达到国家标准。在环保压力越来越严重的今天，此方案的实施可以减少废水中硫化物的含量，生态家园的物质循环过程如图5-3所示。

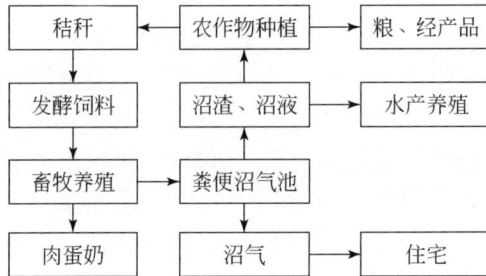

图5-3　生态家园循环过程示意

5.2　以政府为主的农村面源污染治理对策

农村面源污染控制可分为源头控制和末端控制。农村面源污染控制相关宏观经济政策的合理调控，资源配置效率提高，将会引导市场机制健康发展，达到"帕累托最优"。由于农药、化肥对农村生态环境造成的面源污染多具有滞后性，并且源头难以追溯，污染的效应鉴别难度大，因此对于农药、化肥等造成的农村面源污染从源头控制污染较为适用。近几年党中央采取了一系列政策增加农民收入，对使用农家肥、绿色农药的农户实行补贴，促进农户采用绿色农村模式。而畜禽养殖污染控制较适合采用末端控制，排污许可证制度、排污权交易以及"锦标赛"制度都可以作为畜禽养殖污染控制的有效手段。

5.2.1 加强资金支持和投入

农村面源污染直接关系到人们身体健康甚至生命，要真正摆上议事日程，政府要加大资金投入，保证重点工作的顺利进行。环境友好型农村生产模式如绿色农村、有机农村模式成本较高，畜禽养殖业的治污成本也比较高，政府除补贴部分成本外，以无息或低息贷款的方式促使畜禽养殖者治污。农村面源污染控制还需要政府加强资金支持。农村面源污染监测体系、农产品质量监测体系以及环保基础设施的建立是农村面源污染控制的基础，农村面源污染控制属于公共物品，环保设施建设是政府的重要职责。同时应建立起以市场融资为辅、政策性融资为主的政府主导、社会群体广泛参与的治污投融资机制。

广开资金渠道，建立和完善投资和融资体制，按照"谁投资、谁经营、谁受益"的原则，积极鼓励各种不同的经济成分参与生态农村和农村面源污染防治工作，尤其要吸引农村企业和农民的参与和投入。另外，进一步开展国际合作，争取优惠贷款和赠款，积极争取外资，不断探索农村生态环境保护和农村面源污染防治工作的多元化的投入机制，适应形势发展的需要。

5.2.2 营造良好环境政策环境

各级地方政府应积极营造良好的环境政策环境，科学制定农村发展规划，加快农村产业结构调整，优化农村产业发展布局。农村污染是农村面源污染的重要源头，必须从农村生态系统本身出发，防治农村面源污染要突出抓好农村污染这个重点。通过加强政策引导，在农村农业生产的全过程中持续应用综合环境保护策略，加强环境污染的防治和农村面源污染的控制，从而实现农村生产的可持续发展模式。农村发展规划要引入农村环境评价体系和循环经济理念，引导相关产业向优势地区发展，统筹兼顾人民生活、粮食安全与当地环境容量因素，合理划分农村产业区域布局，把环境成本纳入农村生产成本核算，促进农村增长方式的根本性转变。在农村产业发展的扶持政策中，引导高效生态农村发展，要把农村生产的环境因素作为重要条件，鼓励发展种养结合的生态农场。加快制定农村废弃物资源化利用的相关激励政策，对环境影响较小的化肥、农药的生产、销售等环节进行政策扶持，灵活运用多种税收政策等经济手段，充分发挥其调控作用，提高农化品的使用成本，控制农化品的过量使用，鼓励有机肥和低毒农药等产品的应用。环境政策通过一系列行动和行动的反应来产生影响，这些影响包括经济之间、环境之间以及环境与经济之间的相互作用引起的各种变化，如图 5-4所示。

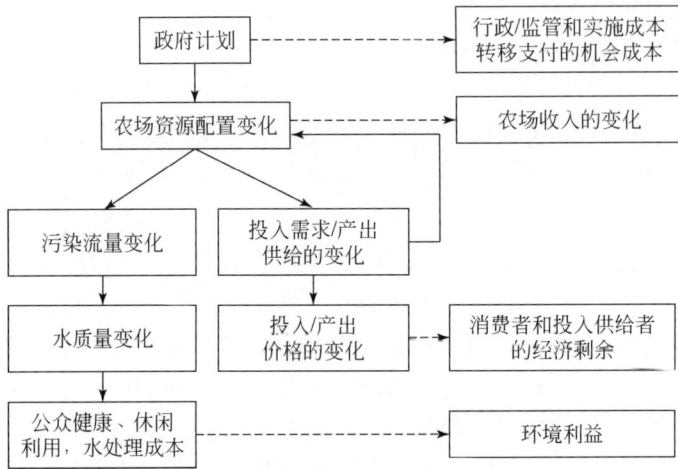

图5-4　环境政策的影响成本效益链

资料来源：邱君. 中国农业污染治理的政策分析. 北京：中国农业科学院博士学位论文, 2007

5.2.3　完善环境法律法规体系

制定化肥和有机肥的质量标准，建立清洁生产的技术规范和标准，鼓励能够减少面源污染的化肥和有机肥的生产和使用。进一步完善相关的环境法律法规，加快城乡一体化发展，逐步建立完善、系统的农村面源污染控制和防治的法律法规体系，使农村面源污染防治工作有法可依、有章可循。应及早制定农村清洁生产的技术标准和技术规范，制定《畜禽养殖污染防治条例》《重要生态功能区生态环境保护条例》《农村面源污染防治法》等法律法规。切实加大养殖场环境影响评价执行力度，加强农村生活污染的管理，促进养殖场治污设施建设[147]。

加快推进环境立法工作，进一步完善农村生态环境保护相关的法律法规，建立健全农村环境保护的政策和管理体系，制定详细的农村环境保护条例。各地方政府应积极将环境保护与经济发展、社会发展结合起来，实现经济、社会、环境、生态的多方共赢。各级地方政府要根据各地农村生态环境的实际发展情况制定相关的面源污染防治地方性法规，并制定相关的监督、检查办法，加强监督执法工作的规范化和制度化，加强法律法规的可操作性和适用性。例如，各地政府可制定农村污染物排放总量控制计划，并将排污量限额落实到具体的企业和个人，加强污染的源头排放控制[148]。

5.2.4　建立城乡一体化环境管理体系

要创新城乡一体化环保工作与投入机制，资金来源不分工业与农村、投向不分农村与城镇，全面贯彻"城市支持农村，工业反哺农村"的方针，切实加大对农村环保的投入，纳入全盘统筹安排。从深层次分析农村面源污染产生的原因主要是二元经济和城乡分割结构，因此要更好地治理农村面源污染就必须要建立完善的城乡统筹协调的环境保护一体化发展机制。政府还应加大环保资金投入，积极开拓环保资金融资渠道，构建政府、社会、个人等多元化的投资机制，按照"谁投资、谁经营、谁受益"的原则，积极鼓励各种不同的经济成分参与生态农村和农村面源污染防治工作，同时进一步调整财政支出结构，加大对农村环境污染治理的投资力度，加大节能减排投入，将环境治理的重点逐步向农村面源污染倾斜[149]。此外还要进一步加强国际环境治理项目合作，争取外资以及优惠贷款和赠款，不断探索新形势下农村生态环境保护和面源污染防治的多元化投融资机制。

5.2.5　建立完善多中心监测体系

多中心治理强调的是"国家–社会–市场"三分法，这意味着随着经济领域和社会领域自组织力量的发展，政府作为公共领域垄断者的治理模式已经发生改变，由以政府为核心的单中心管制模式向政府、市场和社会三维框架下的多中心治理模式转变。政府、市场、社会三者相互合作，优势互补，共同解决公共治理问题。中国传统的乡村治理是一种"单中心"治理模式，其突出特征是公共权力资源配置的单极化和公共权力运用的单向性。多中心治理的基本点，是改变政府对乡村社会的行政性管理和控制，让乡村内部的自主性力量在公共服务供给、社会秩序维系、冲突矛盾化解等多种领域充分发挥基础性作用，从而拉近地方政府与人民之间的距离，恢复草根民主和公共精神，尽可能地依靠多元治理主体的通力合作共同解决地方性问题。这种新型治理模式既降低了政府直接控制乡村导致的高额成本，减少政府管不胜管所带来的失败，也使得乡村社会内部充满了活力。

在多中心治理的基础上建立高效的农村面源污染快速反应系统和预报预警系统以及重大农村面源污染事故监测体系。加强对农村面源污染程度的监测，完善重大农村面源污染事故监测体系，建立健全高效的农村面源污染预报预警系统和快速响应系统，进一步强化农村环境和农产品质量的监测，对农村面源污染治理进行跟踪监测，全面反映污染治理实施的效果。完善农村生态环境质量和农产品安全监测网络体系，建立农村环境监测和农产品检验检测中心，加强农村环境的自我监督和管理。同时要加强对农药、化肥等农业生产资料的生产、销售管理，建立健全农药、化肥等农用化学品的投入监测体系，建立和完善农药、化肥的生产、销售和使用的档案资料，逐步实现对农村农药、化肥等生产资料的全过程监督和管理。实行农村生态环境和农产品安全报告制度，加大农产品产地环境安全监督监测工作力度，建立完善安全农产品的强制性质量标准体系，切实有效地开展绿色食品、无公害农产品、有机食品的认证工作[150]。同时，定期组织和抽调相关单位的工作人员和专家组成调研组，对农业面源污染情况，进行一次全面深入的调查研究；建立多中心监测体系；要组织相关部门尽快制定加强农业面源污染治理的相关政策法规；在适当时机，选择治理和优化农业自然资源搞得好的地方，进行示范；应在不同生态经济类型区，不同粮食作物主产区，通过现有解决农业面源污染先进适用技术的组装，成功经验消化吸收和嫁接，开展培植和建立治理农业面源污染方面的试点工作；建立相关监测机构和监测组织，针对当前农业面源污染存在的一系列问题，进行切合实际的监督控制，实现有效的农业生产全过程的管理监控。

5.2.6　加大科技兴农政策实施

1）通过制定相关的法律法规加强科学合理施用农药、化肥的监督管理，积极推广水稻专用肥、有机肥、掺合肥料（BB 肥）、无机复合肥等新型肥料，继续发展绿肥种植，对农药化肥实行减量化。达到减少化肥使用量，在专用肥的基础上提倡使用有机肥，减少环境污染的目的。通过对施肥技术的改进和精准化施肥技术的推广，实现定性定量化施肥和肥料减量。同时积极推广应用环保型农药，推广生物防治新技术和新产品，如生物农药。

2）防治农村面源污染，农民应该是主力军，因此应加强对农民的培训，加强农业面源污染治理的相关信息服务和技术指导，使农民了解生态农村和解决农村面源污染的新技术。提高农民面源污染的防治意识，在农村积极营造人人有责、人人参与、人人受益的农村面源污染防治氛围。

3）组建高水平的生态农村专家队伍，加强农村面源污染的科学研究和国际交流与合作，培养和锻炼一批科技创新人才。积极开展农村面源污染治理实用技术的研发和生态农村建设相关理论的研究，为农村面源污染的防治和生态农村的建设提供技术支持和理论指导。

4）积极推广测土配方施肥技术、土壤诊断技术和植物营养诊断技术，鼓励和引导增施生物肥、有机肥、专用肥、长效肥、BB 肥、缓释肥和有机复合肥等新型高效肥料，提倡化肥的深耕深施，结合节水灌溉技术，减少化肥流失，提高科学施肥水平，减少化肥流失所造成的农业面源污染。积极推广以控制氮、磷流失为主的节肥增效技术，大力推广有机肥和平衡施用氮磷钾肥及微量元素肥料，提高肥料的利用率。

5）通过堆肥处理，不仅有效地解决固体废弃物的出路，同时也为农村生产提供了适用的腐殖土，解决环境污染和垃圾无害化的问题，从而维系自然界物质的良性循环。积极发展新型作物育种技术，利用生物杂交、生物遗传技术等先进技术，培育具有抗病、高产、固氮等特性的作物品种，进而减少在农作物生长过程中的农药、化肥的施用；培育具有吸收能力的植物、特殊降解能力的微生物等，对地表径流进行吸收过滤，对污水进行生态净化。

6）应用节水灌溉技术。目前，中国大多数农村采用的灌溉技术利用率不高，最资源浪费严重，流失的化肥农药大量进行水体，造成了严重的地表径流及地下水污染。因此当务之急应采取先进的节水灌溉技术，利用喷灌和滴灌等节水技术，有效减少化肥农药深层渗漏所带来的面源污染。

7）提高农膜、秸秆等农村废弃物的综合利用，以减轻农膜、秸秆等带来的面源污染。积极推广秸秆资源化利用技术，扩大秸秆资源的利用范围，充分开展秸秆肥料、秸秆饲料、秸秆建材、秸秆发电、秸秆食用菌、秸秆沼气等多途径利用的试点工程。同时还要加大秸秆还田力度，通过沤肥还田、粉碎还田、过腹还田等省时、省工、实用的秸秆还田技术和方法，在减少秸秆污染的同时，提高土壤肥力，降低化肥的使用量。各级政府及相关部门应重视农膜污染，出台相应的政策措施提高农膜的回收再利用率，同时积极推广可降解农膜，规范农户的农膜使用，有效减少农膜的面源污染[151]。

8）提高农户的合理用药水平，优化农药的产品结构，调整杀菌、杀虫、除草剂等农药之间的比例。在接近农作物收获期，严格执行各种农药的安全间隔期，一定要严格控制施药浓度、用药量、施药次数、施药方法和禁用时间等。同时建立健全病虫害、草害的预测预报机制，及时向广大农户发布病虫草害的发生情况及具体的防治措施，并深入田间地头对病虫草害的治理进行技术指导。此外还要进一步推广性信息引诱器、防虫网、频振式杀虫灯和生物防治等先进实用技术，在有效减轻病虫害灾害的同时，降低农药的使用量，减少农药带来的污染。

9）加强农村病虫害的综合防治，通过利用超声波、光、微波、电、辐射等物理措施以及栽培、耕作、育种等农事措施来防治和控制病虫害，同时积极选用抗病虫的农作物良种，利用基因技术和生物技术加强有害生物的防治。

5.3 以企业为主的农村面源污染治理对策

5.3.1 保障排污权交易手段

排污权交易是在满足环境要求的条件下，建立合法的污染物排放权即排污权

（这种权利通常以排污许可证的形式表现），并允许这种权利像商品一样被买入和卖出，以此来进行污染物的排放控制。点源与农业面源之间进行排污权交易。将农业面源污染纳入到总量控制目标中，在点源与农业面源之间进行排污权交易，可以为农业面源污染的治理提供更多的资金，同时降低工业企业的治污成本，实现区域内工业、农业治污"双赢"，推动农业、工业的可持续发展。比如某一区域氮的排放量是1000t，现有点源排放量是400万t，农业面源排放量为600万t，如果在这一区域要新增一家企业并有氮的排放需求，需要200万t排放权，那么，它可以通过帮助农业面源治理200万t氮的排放量而获得这种权利。

农业面源与面源之间交易。为了鼓励农民减少化肥、农药的用量，我们可以通过排污权交易的手段，根据区域的容纳能力，设定该区域可用的化肥、农药总量，然后将总量分解，以许可证的形式分配给每个农户，农民只能购买许可证允许的份额。如果某户农民掌握新的耕作技术，能够减少化肥和农药的用量，他就可以将购买许可证转让给其他有需求的用户。这样，既可以保证环境不继续遭受破坏，同时又能激励农民主动寻找新技术和新方法，提高农民的生产积极性。

将排污权交易引入农业面源污染控制，通过点源与面源的交易能够减少工业和农业的治污成本，实现社会收益最大化。同时，农业面源之间的彼此交易也能够增强农民技术革新的积极性，减少化肥农药的用量，保证农业可持续发展。

5.3.2 培育和发展农产品绿色供应链

随着中国经济的快速发展，环境污染和资源短缺逐步成为进一步提供农业发展速度的主要瓶颈，因此在中国培育和发展农产品绿色供应链已迫在眉睫。人们常用生态效率对经济发展的资源或环境功能进行评价，该指标阐释了人们在社会生产者利用自然资源减轻环境压力的效率，是基于经济指标与资源或环境指标的投入产出比[152]。治理农村面源污染，以生态效率为核心，建立绿色农产品供应链，将生态理念和生态意识融入农产品供应链管理之中，促使农产品供应链各组成部门合理利用资源，减少面源污染对环境的危害，全面提高农产品的"绿色竞争力"，是现代农业实现可持续发展的有效途径[153]。

1）从农业可持续发展来看，生态效率和农产品供应链的结合，体现了既要发展经济，也要减少环境影响的思想。这样就避免了其他一些单纯强调经济价值，忽视生态环境的非可持续发展。

2）从农业循环经济来看，循环经济的"减量化、再利用、再循环"的"3R"原则从本质上与生态效率是一样的，只不过前者更为趋于定性，后者更为趋于定量。

3）从实现层次来看，可以通过生态效率的微观、中观和宏观指标考查农产品供应链在不同层次上的效率和效益。

4）从资源利用效益来看，生态效率可以采用相应的指标来度量农产品供应链在制造、采购、物流、营销对资源的消耗程度。因此可以认为提高农产品供应链的生态效率就是农业循环经济的本质和要求。其中可以用生态效率中的资源效率表示农业循环经济的资源输入端；用生态效率中的环境效率表示废物输出端。

同时，注重农产品供应链中的生态效率也是解决问题的有效途径。在农产品供应链中，生态效率的高低不仅反映商品经济效益状况，而且也反映商品生产对生态环境影响程度，并且有七种因素影响供应链的生态效果。①产品与服务的原材料强度最小化；②产品与服务的能源强度最小化；③有毒物质扩散最小化；④增加原材料的循环利用率；⑤最大限度地利用可再生能源；⑥延长产品的使用寿命；⑦增加产品与服务的服务强度。

5.3.3　保障"三品"的推广应用

所谓"三品"是指无公害农产品、绿色食品、有机食品。利用市场手段也可以促进农村面源污染的防治工作。众所周知，"三品"的生产种植过程能够最大程度的保护生态环境，而拓宽"三品"的销售渠道，增加"三品"的知名度和销量则可以有力的促进"三品"的生产从而最大限度的实现保护环境的目的。通过加强农产品安全生产，实施"从农田到餐桌"的全过程质量控制，大力发展无公害农产品、绿色食品、有机食品生产基地的建设，有效控制肥料施用总量，调整施肥结构，优化肥料运筹，提高肥料利用率，减少流失，全面控制肥料污染。以"三品"建设为切入点，是全面提高农产品质量的根本保障措施。

"三品"从原料来源、生产、加工、贮藏、运输、销售到使用，甚至废弃物都应符合环境要求。发展绿色食品、有机食品产业完全符合国家关于污染控制与生态环保并重的环保战略。积极发展大型绿色食品、有机食品原料基地，推行标准化生产，实施全程质量控制，确保产品质量安全。把发展绿色食品、有机食品与生态环境建设和发展特色优势农业结合起来，建设优质、高产、高效、生态、安全的现代农业，是提高农业综合生产能力、增强农业竞争力、提高农业综合效益的必由之路，也是持续增加农民收入的根本保证。坚持生态环境的利用与保护相结合，促进农业的可持续发展，使农业生产、保护环境和增进健康三者有机地结合起来，实现经济效益、社会效益和环境效益的统一。

第6章　实证分析——以黑龙江省为例

黑龙江省具有显著的农业资源优势，是中国重要的农业大省，也是国家重要的商品粮战略储备基地。但是由于片面地追求物质产出、轻视资源保护，其农业生态系统遭到破坏，生态环境污染严重，农村面源污染已经开始制约黑龙江省的农业经济发展。本章通过对黑龙江省农村面源污染治理现状梳理分析，并以泰来县为实证主体，从中发现，黑龙江省为了协调农业经济发展和资源环境之间的矛盾，发展农业经济，充分利用本省特有的农业资源，扶持农业主导产业，优化农业产业结构，增强黑龙江区域农业产业竞争力，实现农业的可持续发展。

6.1　黑龙江省农村面源污染治理现状

黑龙江省在大宗农产品数量增加的同时，由于大量使用化肥、化学农药、畜禽粪便，且利用率低下，造成土壤和水体污染，污染物质的残留量逐年上升，并加速了流域内土壤生态环境恶化。构成土壤肥力基本要素的有机质含量已由建国初期的7%～10%下降到目前平均不足3%，有些地方甚至更低。有害重金属含量也呈逐年上升趋势，导致土地板结，水体污染加剧。有专家认为目前污染对环境的贡献份额，应该是工业、生活和农业面源污染各占1/3。根据人们传统认识，工业废水废气排放、汽车尾气排放，以及城市生活污水排放是构成环境污染的主体因素，现在看来，石化农业的发展，农业生产的全程机械化作业，不亚于工业污染程度。

6.1.1　化肥使用量呈递增趋势

如图6-1所示，黑龙江省粮食产量呈逐年递增趋势。与全国一样，黑龙江省化肥施用最突出的问题，就是没有平衡施肥。长期以来农户偏施化肥，且施肥水平所限，加上施肥过量，引发土壤环境的污染，从而影响了农村生产，同时还造成了一定程度上的资源浪费。

化肥使用量逐年递增。2000～2014年，施用化肥纯量从34.6万t，增加到

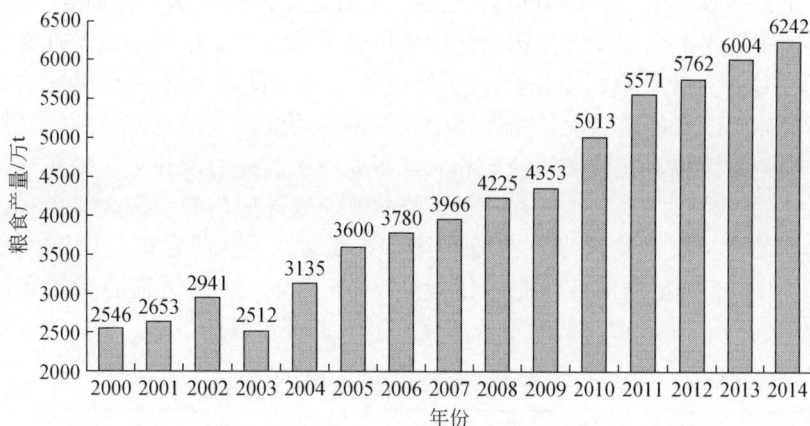

图 6-1　2000~2014 年黑龙江省粮食产量

注：黑龙江省统计年鉴

381.16 万 t。从这些数字不难看出，化肥用量呈现激增趋势。而化肥利用率有所增加，但不尽如人意，仍然徘徊在27%~33%的水平。农作物只利用了化肥有效成分的1/3左右，大部分留在土壤中或通过水体而流失。这样必然构成了对土壤和水体的污染，其危害程度不足深述。而发达国家，如美国、加拿大等化肥利用率达到了60%~70%，甚至达到80%，就是说我们的化肥施用既增加了农业成本，也形成了对环境的污染。黑龙江省农用化肥10年数据变化情况见表6-1，2014年黑龙江省氮肥使用总量较大的地区主要包括农垦总局、哈尔滨市和齐齐哈尔市；氮肥施用密度较大的地区主要包括绥化市、齐齐哈尔市和双鸭山市。

表 6-1　2005~2014 年黑龙江省农用化肥 10 年数据变化情况　　（单位：t）

年份	合计	氮肥	磷肥	钾肥	复合肥
2005	1 509 221	575 137	337 568	176 764	419 752
2006	1 621 989	612 071	373 958	197 941	438 019
2007	1 751 982	659 210	393 071	227 223	472 478
2009	1 988 724	722 202	439 135	277 306	550 081
2010	2 148 852	773 541	474 006	307 803	593 502
2011	2 284 366	819 024	490 730	340 986	633 626
2012	2 402 818	859 790	510 504	357 068	675 456
2013	2 449 560	867 799	508 478	369 810	703 473
2014	2 519 295	889 463	524 068	378 520	727 244

资料来源：黑龙江省统计年鉴 2006~2015（2008 年数据资料缺失）

2014 年黑龙江省农村生产化肥施用情况如表 6-2 所示。黑龙江省只有双城市、方正县、五常市、肇东市略高于国际化肥施用量安全水平，而 66 个市、县的化肥施用量水平全部低于全国的化肥施用量平均水平。这说明黑龙江省的化肥施用量暂时不会对土壤污染造成主要的威胁，化肥使用率还具有很大的提升潜力。目前化肥流失的重点流域主要集中在阿穆尔河流域、松花江哈尔滨江段干流流域、呼兰河流域、乌裕尔河流域和三江平原地区的挠力河流域。松花江流域是中国重要的商品粮生产基地，松花江流域化肥、农药施用总量较大，但单位面积施用量远低于全国平均水平，有效利用率很低[153]。根据农田长期定位试验结果，仅 2010 年松花湖流域化肥施用量达 24.6 万 t，但是化肥的有效利用率仅为 27%~33%，导致潜在的大量残留化肥进入地表水及地下水。

表 6-2　2014 年黑龙江省农村生产化肥施用情况　　　　（单位：t）

地区	化肥施用量（实物量）	化肥施用折纯量				
		合计	氮肥	磷肥	钾肥	复合肥
全省	5 901 989	2 519 295	889 463	524 068	378 520	727 244
哈尔滨	1 185 500	489 878	176 520	71 571	81 955	159 832
齐齐哈尔	805 603	296 210	105 478	56 075	35 057	99 600
鸡西	112 640	48 447	16 733	13 162	6 691	11 861
鹤岗	96 077	42 100	13 826	9 676	6 884	11 714
双鸭山	141 167	66 268	21 016	10 890	9 144	25 218
大庆	329 457	119 719	51 817	17 757	9 504	40 641
伊春	66 895	25 325	5 949	8 042	4 450	6 884
佳木斯	454 890	216 833	77 096	50 140	29 986	59 611
七台河	77 925	32 948	17 888	8 163	4 553	2 344
牡丹江	192 048	87 660	28 899	11 850	11 559	35 352
黑河	251 921	129 568	29 115	39 306	15 652	45 495
绥化	908 257	353 607	120 553	77 326	41 468	114 260
大兴安岭	13 375	6 810	2 400	1 624	847	1 939
农垦总局	1 240 284	593 272	220 291	146 448	118 611	107 922
绥芬河市	669	369	86	28	33	222
抚远县	25 281	10 281	1 796	2 010	2 126	4 349

资料来源：黑龙江省统计年鉴 2015

6.1.2　农药使用缺乏规范性

（1）黑龙江农药施用总体概况

2014 年，全省农药总用量（商品量）达到 8.7 万 t，其中除草剂 7.45 万 t，占农药总用量的 85.62%；杀虫剂 4715.4t，占 5.42%；杀菌剂 4785t，占 5.50%；种衣剂 2610t，占 3.0%；生长调节剂 43.5t，占 0.05%；杀鼠剂 2175t，占 2.50%。按全省 2.08 亿亩①农田计算。在黑龙江省农药用量中，除草剂占绝大部分，其中，旱田除草剂约占除草剂总用量的 86.80%，水田除草剂占 13.20%。从除草方式看，以直接喷洒在土壤上的封闭除草剂为主，占除草剂总用量的 79.60%，苗后除草占 20.40%。因此，减少封闭除草剂使用面积和封闭除草剂用量是有效减少黑龙江省农药总施用量的关键。

（2）长残效除草剂的使用情况

黑龙江省化学除草面积已达 6800 万 hm²，其中有施用面积近 284.26 万 hm² 长残效除草剂农田，占农田化学除草总面积的 42%。黑龙江省是长残效除草剂施用面积最大的省，主要用在大豆田和玉米田，其中大豆田长残效除草剂施用面积占首位，达 215.53 万 hm²，占全省大豆田化学除草面积的 65%，连续 5 年施用的面积为 80.11 万 hm²，占大豆田化学除草面积的 24%；玉米田长残效除草剂施用面积为 65.33 万 hm²，占玉米田化学除草面积的 32%，连续 5 年施用面积为 18.53 万 hm²，占玉米田化学除草面积的 9.2%。黑龙江省长残效除草剂施用主要分布在齐齐哈尔、绥化、黑河及哈尔滨中西部地区。长残效除草剂品种有咪唑乙烟酸、氯嘧磺隆、莠去津、绿磺隆、甲氧咪草烟等。随着近几年对长残效除草剂的治理及农民认识程度的提高，长残留除草剂施用量较最高年份已下降了 50% 以上，呈持续减少趋势。

（3）高毒农药使用情况

黑龙江省施用的毒农药品种主要有含有克百威、甲基异柳磷等的种子包衣剂（近 0.2 万 t），用于喷洒施用的氧化乐果、灭多威、水胺硫磷、甲胺磷及灌根用的对硫磷、甲基对硫磷及复配制剂等。其中喷洒类的药剂在黑龙江省应用相对较少，大部分用于拌种、包衣或随肥下地的品种。由于地理环境因素，在黑龙江省，危害重、防治难、抗性强的虫害发生较少。此外，由于限用高毒农药的措施有利，目前只有极少数农民在蔬菜和果树生长过程中偶有应用。因此，高毒农药在黑龙江省用量及施用范围都非常有限。

（4）农药的大量使用对黑龙江农业的影响

药害事件发生普遍。由于使用的农药品种多、农户用药水平较低及气象条件影响等诸多因素，导致黑龙江省每年因农药特别是除草剂引起的药害事故频发。黑龙江省除草剂药害事故主要有以下几类：一是长残效除草剂导致的后作药害。

① 1 亩≈666.7 平方米。

长残效除草剂是指在施用后，会在土壤中持续较长有效期的一类除草剂，如下茬种植敏感作物，将会产生严重的药害事故。近年来，由此引发的当茬及下茬残留药害事故频频发生，特别是土地转包过程中由此引发的药害事故更多。这类药害事故在所有农药药害事故中占的比例近年来虽有所下降，而且也未涉及到人畜死亡，但影响面广，直接经济损失最大。另外，由于农民操作习惯、经销商夸大宣传等一系列原因，农药施用过程中超量用药现象十分普遍，原本高效价廉、在低用量下对后茬无残留药害的除草剂，如嗪草酮、氟磺胺草醚、异恶草松等，由于药量加大，也常引起后茬敏感作物药害。二是封闭除草剂导致的当茬药害。黑龙江省封闭除草剂中用量最大的旱田除草剂品种为乙草胺、水田除草剂品种为丁草胺及水稻苗床使用的丁扑粉剂。水稻苗床除草施用丁扑粉剂，由于苗床湿度大，特别是在本田地中做的苗床，土壤湿度接近饱和，药剂下移，接触到水稻幼芽而导致药害的现象非常普遍。此外，封闭除草剂中的乙草胺在低温下易产生药害，4-D丁酯每年产生的飘移药也时有发生。三是因除草剂施用不当而造成的药害。如将乙草胺用于苗后、二氯喹啉酸应用于苗床除草等，均会造成作物的药害事故[154]。

严重制约种植业结构调整。由于黑龙江省长残效除草剂的多年使用，土壤中农药的残留量大，轮作制度不合理，对后茬作物会产生严重影响。近年来经济作物种植面积不断扩大，种植业结构也加以调整，多数经济作物对苗前的长残效除草剂敏感，大大限制了用户对后茬作物种植的选择机会，对种植业结构调整造成严重障碍。

污染农业生态环境。农药大量施用到农田，特别是长残留农药的大面积应用，使土壤中有害的残留药剂成分逐年累积，对土壤、水源等将造成严重污染，也使土壤中有害成分日趋复杂，农作物出现药害的几率大幅度增加，对农业生产安全和农业可持续发展极为不利，将严重影响黑龙江省绿色食品产业的持续健康发展[155]。

6.1.3　规模化养殖业污染日益严重

黑龙江省作为全国畜牧业大省之一，截至2014年，全省奶牛存栏197.2万头、同比增长2.87%，肉牛、生猪、家禽出栏分别为305万头、1921万头、13 940.1万只，同比分别增长0.428%、5.46%、-1.54%；肉、蛋、奶产量分别为230.2万t、98.2万t和560.2万t，同比分别增长4.07%、-4.38%和7.22%；畜牧业产值达到1486.1亿元，比上年增长4.4%；农村居民人均牧业收入达到780元，比上年增长75元，畜牧业已成为黑龙江省农村经济的主导产业。随着畜禽养殖量的不断增加，规模化养殖比重的不断加大，畜禽排泄物对空气、土壤、水造成了一定的污染，影响了农民的生活环境，特别是畜牧业发展集中地区表现得尤为突出。按照全国第一次污染源普查中畜禽污染源监测系数测算，2010年黑龙江省奶牛、肉牛、猪、蛋鸡、肉鸡年产粪量分别为2283.4万t、3075万t、929.8万t、230.4万t、352.6万t；产尿量分别为1045.6万t、1968万t、2464.5万t。近几年随着黑龙江省畜牧业的不断发展壮大，畜牧业粪便量、粪尿量也将进一步上升。黑龙江省环保厅的相关统计显示，畜禽养殖业污染已经成为黑龙江省农村面源污染的"新生力量"。政府相关部门高度关注，特别是随着近年来养殖大户、养殖合作社的不断发展，政府虽然出台了相关的政策措施加强对规模化养殖的畜禽粪便污染治理，但是目前对农村面源污染的控制仍处于较为粗放的管理状态，规模化养殖中普遍缺乏干湿分离的防治措施。而且目前对大部分规模化养殖场、养殖大户的畜禽污染物排放情况没有系统的调查统计，也没有进行相关的环境影响评价，导致畜禽养殖污染的危害程度越来越重[156]。

6.1.4　农膜使用量不断增加

根据统计，1990年黑龙江全省农膜使用量14 709t，到1995年增加到19 200t，地膜覆盖面积达到28.70万hm²，1997年玉米大双覆技术推广，农膜使用激增到8万t。到2014年地膜使用量下降到3.4万t，覆盖面积33.88万hm²。这些农膜多用于经济作物及两瓜、烤烟生产栽培。覆盖后的地膜残留在土壤中对土壤结构造成破坏，十分不利于下年农作物根系的生长发育，残膜在土壤中的降解速度也十分缓慢，最快的也要几十年。多年来，通过加大行政执法力度，目前黑龙江省废旧农膜清理率基本达到90%以上，但大部分从农田清理出来的残膜弃置田边地头，少部分被焚烧和深埋，极少部分被加工再资源化。这一状况造成了土壤的二次污染。

6.1.5　农村生活垃圾和污水处理缺乏约束

随着农村居民生活水平的提升，其生活方式也发生着改变。农村生活垃圾产生量日益剧增，不仅垃圾种类繁杂，而且垃圾成分复杂多样，甚至工业垃圾和电子垃圾也出现在农村生活垃圾中，为此各种有毒、有害且难以分解和降解的有机物与重金属大量积存。由于农村尚未建立专门的类似城市环卫部门，因此，既没有专职人员负责，也没有专设的垃圾清理间和转运点，就更没有垃圾焚烧厂和无害化处理区。于是，大量的生活垃圾被堆放在露天旷野，在田边地头、庄家院外、村边沟渠，到处都可以看到随意丢弃和堆放的垃圾。黑龙江省农村和小城镇居民点，生活污水既没有污水处理设施处置，也没有做无害化处理。生活污水得不到有效地收集和处理，特别在夏季，不仅影响村镇的环境卫生，而且还污染居住区域的空气。由于长时间积存在沟渠或洼地，生活污水很容易变成有毒、有害的渗滤液，在雨水的作用下，到处横流，污染水体和土壤[157]。更为严重的是，农村乡镇企业废水的处理，因为存在治理设施不完善，废水排放量大，直接排放到池塘或沟渠中，与生活污水汇聚在一起，破坏着农村和小城镇的生态环境。

6.2 黑龙江省发展农业循环经济治理面源污染案例分析

黑龙江省为治理农村面源污染污染，形成了政府大力倡导发展农业循环经济，发挥和运用市场经济手段，农户积极参与的治理格局，并通过环境治理投入机制，科技支撑机制和参与机制，实现了多元共治的农村面源污染治理目标。

6.2.1 层次分析法评价案例

该案例是在对黑龙江省农业发展现状分析的基础上，选取能够反映该地区为治理农村面源污染而发展农业循环经济的主要评价指标，运用层次分析法确定权重，构建综合评价指标体系，进而对该地区治理农村面源污染中的农业循环经济整体情况进行综合评价。评价流程如图6-2所示。

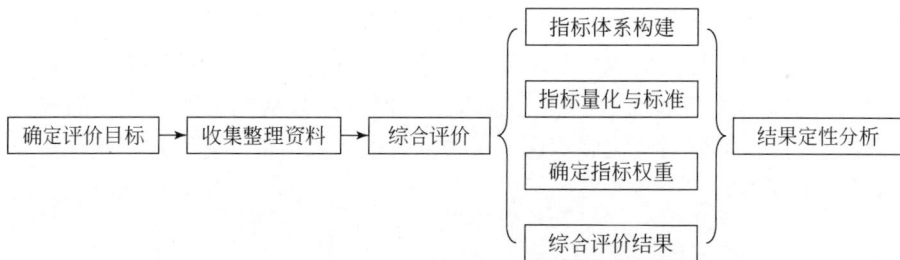

图6-2 黑龙江省发展农业循环经济治理农村面源污染评价流程

（1）构建评价指标体系与赋权重值

黑龙江省农村面源污染的主要因子主要包括：农化品（化肥、农药、地膜）、作物秸秆、畜禽粪便和生活污水垃圾等，依据黑龙江省农业循环经济发展原则，评价指标体系构建主要原则与内容，该案例设置了四类19项指标，四类指标分别为：①资源投入指标，用来揭示区域农业生产系统投入端的现状，包括：农机总动力、化肥施用强度、农村用电量等代表农业的物能投入，沼气池个数则反映该地区循环经济意识和投入情况；②资源利用评价指标，用来体现农业生产过程中对于系统内资源循环利用的程度，主要有农药施用水平、农膜使用水平，化肥有效利用系数、复种指数，垃圾粪便的无害化处理率，体现了资源的循环利用水平和将废弃物进一步资源化的水平；③农业产出指标，主要用来反映农业循环经济发展过程中所能够实现的社会及经济效益，主要包括：农业 GDP、农民人均纯收入、人均粮食产量、耕地产出率和单位畜禽商品化率等；④外部效应评价指标，反映农业循环经济发展中对于生态环境和资源安全的影响，具体包括：森林覆盖率、有效灌溉系数、人均耕地等。其中资源投入与利用环节所选指标主要体现循环经济中所需遵循"3R"的原则，而农业产出及外部效应两环节则着重评价农业循环经济所实现的社会、经济和生态效益。

结合相关专家意见，对评价因子进行分析筛选，确定出 19 个评价因子构成农业循环经济发展综合评价指标体系，合理确定各分类指标及单项指标的权重，见表 6-3。

表 6-3 黑龙江省农业循环经济发展评价指标体系及权重

分类指标及权重 B	单项指标 C		权重	指标说明
	X_1	农机总动力/kW	0.472	农林牧机械总动力
	X_2	化肥施用强度/（kg/hm²）	0.250	化肥用量/农播面积
	X_3	农业劳动力/万人	0.118	从事农林牧渔的劳动力
资源投入指标 0.298	X_4	生产中的物质消耗占农业 GDP 的比例/%	0.077	物质消耗/农业 GDP
	X_5	农村用电量/（10⁴ kWh）	0.050	农业生产生活用电
	X_6	沼气池个数/个	0.033	乡办个数
	X_7	农药施用水平/（kg/hm²）	0.522	农药用量/农播面积
	X_8	农膜使用水平/%	0.061	农膜使用量/农播面积
资源利用指标 0.523	X_9	化肥有效利用系数/%	0.267	种植业产值/化肥使用量
	X_{10}	复种指数/%	0.107	农播面积/耕地面积
	X_{11}	垃圾粪便无害化处理率/%	0.040	垃圾粪便无害化处理量/粪便清运量
	X_{12}	农业 GDP/元	0.467	农业生产总值
	X_{13}	农民人均纯收入/元	0.156	农业人均总收入–人均各项费用性支出
农业产出指标 0.122	X_{14}	人均粮食产量/kg	0.293	粮食产量/总人口
	X_{15}	耕地产出率/（元/hm²）	0.030	种植业产值/耕地面积
	X_{16}	单位畜禽商品化率/（元/t）	0.055	牧业产值/肉类总产量
外部效应评价指标 0.057	X_{17}	森林覆盖率/%	0.625	林业面积/土地面积
	X_{18}	有效灌溉系数/%	0.239	有效灌溉面积/农播面积
	X_{19}	人均耕地/hm²	0.163	耕地面积/总人口

（2）数据收集

此案例研究的计量分析的数据主要来自《黑龙江统计年鉴》《黑龙江环境质量报告》，黑龙江统计局、黑龙江农业网等主要网站公布的数据。

（3）综合评价

运用层次分析法中的评价公式，通过数据处理和计算得到黑龙江省循环农业发展综合评价结果，如图6-3所示。可以看出1995～2014年，黑龙江省农业循环经济总体指标逐步增加，说明该省农业循环经济逐渐向前发展，农村面源污染得到初步控制。2014年黑龙江省农业循环经济发展综合评价指数是1995年评价指数的1.37倍。依据中国经济发展的五年规划，可将1995～2014年黑龙江省发展农业循环经济治理农村面源污染的进程大致划分为3个阶段：

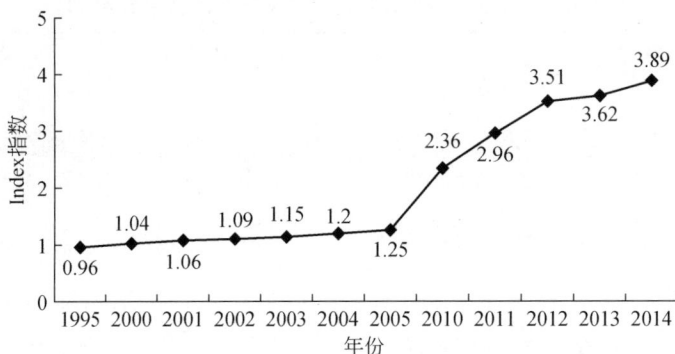

图6-3　1995～2014年黑龙江省农业循环经济发展综合评价

1）起步发展阶段。该阶段黑龙江省农业循环经济发展评价指数在0.87～0.95波动，发展态势呈现上升趋势，但是上升速率较为缓慢，农村面源污染治理处于萌芽状态。依据国家星火计划的宏观指导和规划布局，黑龙江省因地制宜地制定了一系列振兴农业科技、调整产业结构、增加农民有效供给的举措，例如粮食工程、"菜篮子工程"的综合技术开发，推进农业产业化进程等，有效地促进了农业经济的发展。

2）平稳发展阶段。此阶段该省农业循环经济发展指数在0.96～1.04波动，说明黑龙江省农业循环经济在此阶段发展总体水平高于第一阶段，但仍然处于较为平缓上升趋势。在此期间，由于市场经济体制转变和结构调整等多种因素的影响，黑龙江省该时期农业经济发展较为缓慢，农村面源污染未得到有效治理。

3）提升发展阶段。此阶段综合评价指数主要分布在1.04左右，可以明显看出此阶段黑龙江省农业循环经济发展处于一种相对较快发展的状态，而2014年黑龙江省农业循环经济发展综合评价指数出现最高值为1.19。随着循环经济理念与构建和谐社会发展方针的提出，黑龙江省以农业增效、农民增收，以提高农业综合生产能力为目标，采取有效措施，使农业循环经济进入加速发展时期，治理农村面源污染取得成效。

通过分析可以得出，黑龙江省发展农业循环经济治理农村面源污染所呈现出的变化趋势与国家及地方的宏观调控及政策导向有着十分密切的关系，也就是说，国家及地方的支持是黑龙江省发展农业循环经济治理农村面源污染的重要外部推动力，农户参与是治理农村面源污染的主力军，市场使资源配置实现均衡化和效益化。随着国家提出建设社会主义新农村及推行农业循环经济专项规划等农业循环经济相关发展战略，黑龙江省发展农业循环经济治理农村面源污染的水平必将继续呈现快速增长的趋势[158-159]。

6.2.2 主成分分析法评价案例

(1) 评价指标体系的构建

泰来县是黑龙江省的农业县，也是黑龙江治理农村面源污染的重要试点县。该县采取多中心治理方式治理农村面源污染。县政府、农户和乡镇企业及农村合作组织共同参与治理农村面源污染。此案例是针对黑龙江省泰来县治理农村面源污染的主要对象和评判需要，构建出黑龙江省泰来县发展农业循环经济复合系统综合评价指标体系，具体包括 4 类和 18 个操作化指标，如表 6-4 所示。

表 6-4　黑龙江省泰来县农业循环经济发展综合评价指标体系

类指标	操作化指标	指标说明
	农业 GDP/亿元	农业总产值
	农民人均纯收入/(元·人)	农民人均总收入–人均费用性支出
经济与社会发展	人均粮食产量/(kg·人)	粮食产量/人口总量
	耕地产出率/(元·m⁻²)	种植业产值/耕地面积
	畜产品商品化率/(元·t)	牧业产值/肉类产量
	化肥施用水平/(kg·m²)	化肥施用量/农作物播种面积
	农膜使用水平/(kg·m²)	农膜使用量/农作物播种面积
资源减量投入	农药施用水平/(kg·m²)	农药施用量/农作物播种面积
	万元农业产值用水/(m³·万元)	农业用水量/农业总产量
	农业能耗指数/(tce·万元)	农林牧渔业能耗量/农林牧渔业产值

类指标	操作化指标	指标说明
资源循环再利用	复种指数	农作物面积/耕地面积
	秸秆综合利用率/%	秸秆利用量/秸秆总产量
	畜禽粪便资源化率/%	畜禽粪便利用量/畜禽粪便总产量
	化肥有效利用率/(元·kg)	种植业产值/化肥施用量
资源环境安全	森林覆盖率/%	林地面积/土地总面积
	有效灌溉率/%	有效灌溉面积/耕地总面积
	人均耕地/(m² · 人)	耕地面积/总人口
	废污水排放量/万 m³	废污水排放总量

注：资料来源于泰来县统计局、泰来县畜牧局和泰来县水务局

（2）主成分分析法计算权重

综合评价的结果与指标权重的确定、合并规则的选择密切相关，该案例采取主成分分析方法对综合评价体系中各个类指标的综合发展水平进行计算，分析工具采用 SPSS 软件[160]。

1）原始数据的正指标标准化处理

$$x_{ij}^{*} = \frac{x_{ij} - \min\limits_{1 \leqslant i \leqslant n} x_{ij}}{\max\limits_{1 \leqslant i \leqslant n} x_{ij} - \min\limits_{1 \leqslant i \leqslant n} x_{ij}}$$

2）原始数据的逆指标标准化处理

$$x_{ij}^{*} = \frac{\max\limits_{1 \leqslant i \leqslant n} x_{ij} - x_{ij}}{\max\limits_{1 \leqslant i \leqslant n} x_{ij} - \min\limits_{1 \leqslant i \leqslant n} x_{ij}}$$

式中，x_{ij}^{*} 为第 i 行第 j 列个指标的规范化数据，x_{ij} 表示第 i 行第 j 列的原始数据。

（3）综合评价

1）运用 SPSS 统计软件分别计算 4 类指标的相关系数矩阵及各指标的方差贡献率。

2）分别选取各个类指标主成分个数，计算主成分分量的得分，计算公式如下。

$$\lambda_{1} \Big/ \sum_{i=1}^{j} \lambda_{i} + \lambda_{2} \Big/ \sum_{i=1}^{j} \lambda_{i} + \cdots \geqslant 85$$

式中，λ_{i} 为各项指标的方差贡献率，$i = 1, 2, \cdots, j$。

根据式相关系数矩阵及各指标方差贡献率的值来确定主成分分量，继而求得主成分分量的得分 $y_{1}, y_{2}, y_{3}, \cdots, y_{j}$。

3）计算综合发展水平。

$$Y_{kl} = (\lambda_1 y_1 + \lambda_2 y_2 + \cdots + \lambda_m y_m) / \sum_{i=1}^{j} \lambda_i \quad (k=1,2,3,4; \ l=1,2,\cdots,n)$$

式中，Y_{1l}，Y_{2l}，Y_{3l}，Y_{4l}分别为4类指标的综合发展水平；l为年份。

4）计算系统综合发展水平。

采用加权函数法进行计算综合发展水平，公式为

$$Y = a_1 Y_{1l} + a_2 Y_{2l} + a_3 Y_{3l} + a_4 Y_{4l} \quad (l=1,2,\cdots,n)$$

式中，a_1，a_2，a_3，a_4为4类指标综合发展水平的权重。

（4）评价结果分析

黑龙江省泰来县治理农村面源污染发展农业循环经济综合评价结果如图6-4所示。从1995年开始，泰来县启动治理农村面源污染工作，农业循环经济发展趋势逐渐加强。到2014年，农村面源污染得到一定控制，其农业循环经济发展综合评价指数是1995年评价指数的5倍。1995～2014年黑龙江省泰来县治理农村面源污染发展农业循环经济过程可划分为3个阶段：

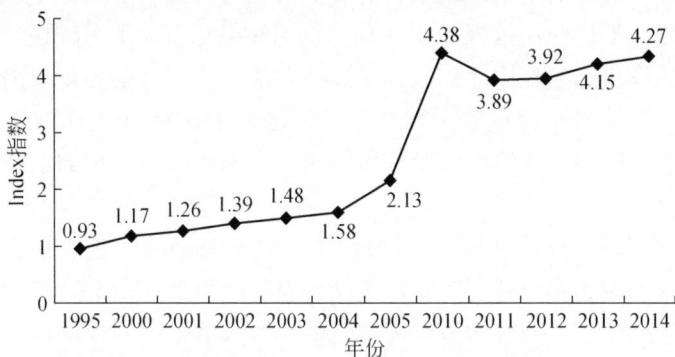

图6-4　黑龙江省泰来县农业循环经济发展综合评价

1）面源污染较重，农业循环经济缓慢提升阶段（1995～2003年）。该阶段黑龙江省泰来县未重视和控制农村面源污染，所得农业循环经济发展的综合评价指数在0.78～1.58波动，变化速率为5.71%，增长较为缓慢。

2）注重农村面源污染治理，农业循环经济快速发展阶段（2004～2010年）。此阶段黑龙江省泰来县重视治理农村面源污染的治理工作，实施多中心治理，因此农业循环经济发展尤为迅速，发展评价指数从2004年的1.58提高到2010年的4.38，增加了2.8倍，年增加速率达到38.16%。并且在2010年出现了泰来县农业循环经济发展的最高值（4.38）。此阶段泰来县农业循环经济发展变化速率约为第一阶段变化速率的7.38倍，农村面源污染治理成效非常显著。

3）由于政府治理农村面源污染财政投入不够，农业循环经济平缓下降阶段

（2011～2014 年）。该阶段泰来县农业循环经济发展较 2010 年发展速度有所降低，但是仍高于其他年份的发展速率，农业循环经济发展评价指数主要分布在 3.89～4.38，年平均指数为 4.14。

结论综述：

1）黑龙江省治理农村面源污染起步较晚，发展农业循环经济也开始于 20 世纪 90 年代，进入 21 世纪步入快速发展时期，社会经济发展指标是农业循环经济发展最重要的外部拉动力，而资源减量化投入则是农业循环经济发展的主要制约因素，治理农村面源污染还需要减量化的投入，同时，治理农村面源污染和发展农业循环经济还主要受国家及地方的宏观调控与政策导向影响。

2）农户注意合理使用化肥。黑龙江省为减少因化肥过量使用而出现的农村面源污染，关键是把化肥用量比例降到最低，重点在于科学施肥，在全省农村范围内大力推广生物复合有机肥，并且要避免或减少区域内水土流失情况的发生，根本任务就是要保护好农村生态环境。黑龙江省农用化肥施肥水平并不是很高，略高于国际认定的安全值之上，其平均值基本处于全国均值的水平。当前主要问题是农业生产中磷肥的使用。由于农民看到磷肥为粮食增产发挥了很大作用，就大量使用磷肥，不仅使用量提高了一倍，而且也超过了国际磷肥施用的安全值。但是，黑龙江省化肥的施用面积呈逐年递减发展趋势，这主要是因为生物复合有机肥大量施用的结果。近年来，氮肥用量仅增长了 50% 多，在施用上还有潜力可挖，且尚未达到安全极值，黑龙江省的粮食产量在科技进步的依托下还会有进一步的提高[161]。

3）农户合理轮作以减少农药对粮食生产安全及环境危害。其有效手段一个是在同等用量下提高农药利用率，从而减少农药的用量；一个是控制病虫草害的发生，从而达到少施农药或不施农药的目的。在农业生产的大环境中，合理的轮作是减少病虫草害发生的有效途径之一。通过合理轮作换种非寄主作物，可以使土壤中的病原逐渐减少或消失，同时前茬作物的根系分泌物和微生物可抑制后茬作物病害的发生，而且前茬作物管理措施和田间环境条件的剧烈变化也可达到抑制和消灭病原的效果。在控制杂草方面，换种非寄主生物可使寄生杂草种子发芽后找不到寄主，而且前茬作物的根系分泌物可抑制后作杂草的发生，同时可使伴生性杂草得以控制，水旱轮作也可使恶性杂草得以防除。

4）政府对全省化肥流失较严重的区域进行重点监控。黑龙江省环保厅把检测主要集中在三江平原地区的挠力河流域、松花江哈尔滨市江段干流流域、绥化地区呼兰河流域和齐齐哈尔市乌裕尔河流域。黑龙江省重点监控区域主要分为三大区域，一是农垦总局所管辖区域内，二是哈尔滨市及周边地区，三是齐齐哈尔市地区及佳木斯市地区。为此，乌裕尔河流域中上游是全省水土流失严重区，中短期松花江哈尔滨江段干流流域是控制化肥流失的主要区域。

农村经济合作组织重视农村面源污染的治理。黑龙江是农业大省，因此成立了很多专业性农村经济合作组织，包括水稻经济合作组织、大豆经济合作组织等。黑龙江省农村经合组织重视畜禽养殖业污染对农产品残留和土壤的污染。为适应市场经济发展，也为了将污染影响降低，提倡规模养殖和发展农村循环经济。尽管黑龙江省农药施用密度指标值相对较低，但由于农药影响范围广、污染面积大等特性，约有70%的农药散落到环境中，加之农药管理不善和过度使用，更容易通过食物链进行传播，从而对人、畜的健康造成严重威胁。为实现黑龙江省的农药施用密度达到了一个较好的水平，农村经合组织提出施用标准，要求各类农药所占比例合理，还要求高毒高残留农药所占比重不能过大。经济合作组织不仅重视市场的经济效益，为黑龙江的农民带来更多的经济收益，同时也非常重视农村生态环境的保护，促进了绿色农村和有机农村的发展壮大[162]。

因此，通过对黑龙江省发展农业循环经济治理农村面源污染进行有效评价，分析找出主要影响治理农村面源污染的因素，结合区域政策扶持导向，进而更加快速有效地推进全省农村面源污染治理工作。

6.3 黑龙江农村面源污染多中心治理的途径

6.3.1 多中心治理下农化品的使用

6.3.1.1 化肥的使用

施肥结构不合理是化肥污染的主要特点，施肥操作不规范，重氮轻磷钾肥，导致氮磷肥大量流失造成污染。因此化肥污染控制重点在于施用过程中和化肥施用量，针对这两个方面，治理途径主要表现在：

（1）替代性施肥技术支持

在水域河网区和粮食主产区推广替代型施肥技术，通过调整地区施肥量、施肥结构，可以在针对性施肥基础上，控制化肥施用强度，提高化肥利用效率，降低化肥流失量，从而减少化肥对环境的污染，特别是氮肥损失带来的污染问题。为提高肥料利用率研究出来的新型施肥技术和化肥深施、配方施肥、平衡施肥技术等是近几年为调整施肥结构由农技服务部门或政府牵线免费为当地农户介绍的替代型施肥技术，并提供相应的免费技术咨询服务。替代型施肥技术往往具有化肥利用率高、施用针对性强、化肥不易流失等特点，极大地减少了农田中的化肥污染，提高了化肥使用效率。

（2）通过政府行政管制对化肥施用生态敏感区和可种植区进行规划

参照欧盟针对化肥氮污染控制做法，将不同地区因施用化肥造成污染的污染水平划分为化肥施用生态敏感区和可种植区。化肥施用生态敏感区一般适用于种植果、菜、粮、花卉等，一般在大江大河源头、水源涵养地、城市饮用水源地周围等，地方政府可对生态敏感区的施肥种类、施肥结构、施肥水量等制定相关的施肥规定。政府以行政命令的形式发布，通过政府对农田施肥的介入，进一步规范农业生产行为，同时根据生态补偿政策对生产者造成的经济损失进行适当地对价补偿，对价补偿的金额按照生产者由于参加污染控制工作而造成的净收入的减少来确定，或对农户主动参与污染控制行为进行奖励。对造成污染的企业或个人按照情节的严重性进行处理，对于情节较轻的按照不同的标准进行罚款等处罚，而情节较重造成严重污染影响的要依法追究其法律责任。在可种植区要鼓励农户采用替代肥料，加强替代性施肥技术的推广及应用，进一步加强对化肥污染的控制[163]。

（3）替代肥料生产、输入支持

化肥特别是氮肥，如尿素、碳酸氢铵等肥效速度快，是造成其利用率低下、容易流失的一个重要原因。国家或地方政府为鼓励新型肥料生产、施用，从新肥料生产、销售两个环节入手。在销售上，对新型肥料实行减税优惠，弥补替代肥料输入较传统化肥输入增加的劳动力成本、价格成本或者对替代肥料实行价格补贴，运输费用等，通过税费优惠、政策优惠、价格补贴等补偿途径，间接降低农户施用替代化肥的成本，将其成本尽量维持在农户可以接受的范围内，促进替代肥料的生产和使用。此外还要加强科学施肥的推广，进一步对农户的施肥行为进行规范，通过在肥料包装上详细列明化肥施用方法、施用范围、施用量等信息使农民能够自主科学合理施肥。缓效肥、控释肥、有机肥、微生物肥、复混肥等化肥的肥效释放相对较慢，利用其替代传统的化肥进行机械深耕也是加强农村面源污染控制的主要途径之一。在化肥生产方面，赋予厂房设备建设低息贷款、建设优先选择权、有机肥原料运输优惠、对畜禽粪便运输补贴一半燃油费等有利条件，鼓励在大中型养殖场附近建造有机肥生产厂。

（4）通过市场农产品价格机制对生产者的生产行为进行调节和约束

市场价格高低直接关系到农村生产者的经济收益，是农产品输出价值的直接体现。中国在农产品的生产中参照国际农产品的相关标准，对上市农产品的质量进行严格把关，并设定生态农产品、无公害农产品和绿色农产品的标准，实行优质优价、低质低价，并根据农产品的质量等级进行价格划分，对严重超标者不予上市。通过严格执行质量管理也使农户深刻地认识到农业生产活动的重点已经不再是输出的农产品的数量，输出的农产品质量才是关键。因此通过这种直接的利益关系向农户反馈农业生产信息,从深层次上规范农户的生产行为,引导农户主动调整化肥施用结构、降低施肥量,积极采用替代肥料、采用替代型施肥技术等方式控制化肥施用污染,从而减少化肥施用给农村生态环境带来的危害。

(5) 征收化肥附加税

为检验化肥附加税征收的实际运行效果,可以在全国范围内推广征收化肥附加税之前就在一些化肥施用量较高的地区进行税收试点,通过试点情况分析其中可能存在问题,及时进行修正,以提高征收化肥附加税的可行性和适用性。建议以全国每公顷耕地平均施化肥(或氮肥)量为基数,考虑到地区化肥施用水平有很大的差异,并且呈典型的两极分化状态。根据化肥(或氮肥)用量不同,对全国地区施肥水平进行排序,对施用量较高的地区包括广东、上海、北京、山东、福建、天津等地,征收化肥或氮肥附加税,降低化肥施用量,以提高生产者对化肥施用污染的认识,以增加通过征收化肥税控制化肥污染的实践可操作性[164]。

(6) 提升地方农技服务部门安全施用化肥教育的能力

地方农技服务部门是专门为农户提供免费农业技术咨询、新型技术推广及服务、农户安全生产教育服务的部门。但是长期以来在很多地区农技服务部门自谋经济利益,将农药、化肥的销售量直接与农技部门相关技术人员的个人利益挂钩,在宣传农技知识的同时过度地向农户推销农药、化肥,农技部门也往往成为当地主要的农药、化肥销售点。通过财政拨款将农技人员的经济收益与化肥、农药销售分离,国家及地方政府应出台相应的配套管理规定,进一步规范和完善乡、镇、村农技服务部门的服务职能,通过定期开办农技服务班、田间地头的现场农技咨询、农业知识的入村入户宣传、安全生产资料定时定点发放讲解等方式,提高农户对农村面源污染的认识,尤其是将服务重点放在安全生产知识普及教育上,规范化肥施用,严格控制化肥过量施用和不合理施用带来的污染问题[165]。

6.3.1.2 农药的使用

农药污染特点主要表现在有效利用率低、使用量大,高残留、高毒农药有一定的使用面积和使用量,因此面源污染的控制要根据农药污染的这些特点针对性地开展,要将重点集中在降低高毒、高残留农药使用量和使用面积上,推广科学的农药使用方法,提高农药利用率,降低农药对农村生态环境造成的污染。主要治理途径如下:

(1) 利用农产品市场价格调节反馈规范农村生产活动中农药的使用

当前中国很多大城市都可以快速测定上市农产品的农药残留情况。因此可以利用上市农产品的价格机制进一步对农业生产中的农药安全施用行为进行反馈，对安全用药行为进行进一步规范。通过将农药安全施用与上市农产品的价格、农户的直接经济利益等相挂钩，就会促进农户在生产过程中主动地选择低残留、低毒的农药，特别是蔬菜水果中农药残留测定技术的逐步成熟，更能有效地促进农户的低毒农药选择行为。通过对不同农药残留量的农产品制定不同的市场价格，并在农产品上市前通过快速测定，低残留优价，高残留低价，严重者不予进入市场资格，控制农药污染。同时通过农民协会或农村经济合作组织加强农产品生产销售合同管理和规模化生产管理等方式，对农药的选择和施用进行规范，控制农药污染。

（2）对农药特别是高毒、高残留农药征收农药税

建议对中国农药施用量较高的地区和产业包括果、菜、花等，为控制农药污染问题，征收农业税。参照国外农药税经验对农药使用进行探索性征税，按照环境残留性、毒性、地区敏感性等特性规划不同的税率，税收标准以农药施用量降低的边际成本评估为基础，在大范围推广征收农药税之前选择一些地区进行试点，根据试点情况对农药税的设置、征收标准设定等进行修正和完善，以便能够达到更好的农药控制效果[166]。

（3）政府行政管制规划农药适宜使用区和敏感使用区

政府及相关部门要通过行政管制的形式，在农药新品种上市之前对农药的适宜使用区和敏感使用区进行划定，加强对农药潜在风险的研究和控制，通过发布相关的行政命令，在农药敏感施用区限制特定农药品种的上市及销售。一般来说农药的针对性不同，其所适用的区域也不完全相同，比如菊酯类的杀虫剂农药，虽然具有低毒、高效、对人和环境生物安全等优点，但在河网水域区，特别是水田中应禁止使用，因为它对水生生物毒性较大。因此为更好地保障整体生态环境的安全，例如为保护鸟类，在一些保护区及其周围的地区要严格限制呋喃丹种子包衣剂的施用，因为这种农药对鸟类的安全存在一定的隐患。再比如农药按照针对的作物品种不同可以分为杀菌剂、种子处理剂、除草剂和杀虫剂四类，因此在施用的过程中就要按照农药的适用范围合理科学的施用。所以说政府应该进一步加强农药的市场监管，强化地区农机服务部门的相关职能，引导农户进行科学用药，共同规范敏感区农药使用，同时应辅以加强替代农药研究，减少农药施用带来的环境污染。

（4）支持替代农药品种研究和生产销售

建议政府加强对高残留、高毒农药的管理，通过对农药生产和销售环节征收环境税，约束农药的施用量，加强农药的施用管理，从而减低农药对农村环境的污染。而且在新型农药的施用说明书上要详细说明农药的使用范围、使用方法及

农药的主要成分等，加强农户对农药安全施用认知，强化农药施用管理，提高农药的利用率。通过对高残留、高毒农药的市场管理，降低这类农药的市场需求，促使生产该类农药的商家减少或者停止生产这类农药，转而进行低毒、高效、低残留替代农药品种生产。政府应对低毒、高效、低残留替代农药品种的研发、生产及市场销售等环节进行支持，并出台相关的政策等促进替代农药品种的推广。鼓励科研机构、科研工作者对低毒、高效、低残留农药的研究与开发，扩大对安全生产农药研发经费投入，通过优惠贷款、减税等方式支持农药生产企业生产低毒、高效、低残留农药。

（5）增强地方农技服务部门的职能建设

政府应通过多种手段加强地方农业技术服务部门服务质量、服务内容的提高，政府可以设定专门的项目对农户的安全用药行为进行教育，依托地方农技部门定期开展相关农药使用等方面的科技普及班、聘请农药研究领域专家对农户进行现场指导、农技部门定时定点发放农药安全施用宣传单等活动，有针对性地提高农户的科学用药水平和农药选择、鉴别能力，从生产意识上使农户的用药理念发生改变，营造农户自觉主动施用低毒、高效、低残留替代农药，加强农药污染控制的氛围。

6.3.1.3 地膜的使用

当前，农用塑膜为人们菜篮子改善做出了不小的贡献，它的主要成分聚丙烯（PP）、聚乙烯（PE）、聚苯乙烯树脂（PS）、聚氯乙烯（PV）等，以其升温、透气性差、保水等特点成为现代农村保护性栽培中不可或缺的辅助材料，废弃农用塑膜处理中的最大缺点是不易降解，因此可以导致农村面源污染。由此，废弃农膜污染治理途径如下：

（1）加大力度支持废弃农膜无害化处理的相关研究

国家和各级政府鼓励单位、企业或个人从事废弃农膜无害化处理研究，对有突出贡献的个人、企业或单位实施研发资金支持和经济奖励。推动废弃农膜可降解技术转化为现实生产力，通过微生物降解、生物处理、转化利用、化学、物理等多种途径对废弃农膜进行降解研究，并全额赞助、解决环境废弃农膜污染。

（2）完善农膜回收制度，减少环境中农膜的残留量

由国家或地方政府出面回收废弃农膜，降低农膜污染量，规范生产者农膜的处理。一方面在政策层面上制定农膜回收的有关政策、制度、规章等，为农膜回收提供制度保障。另一方面通过农膜销售商加强对农膜的管理，鼓励销售商及时将废弃的农膜进行回收，通过以旧换新等业务拓展对农村的废弃农膜进行集中处理，规定农膜回收的最低限，通过将农膜销售同回收挂钩，减少其在环境中的残

留量。对销售商制定一定的农膜回收任务，若销售商没有完成任务就对其进行经济惩罚，甚至取消其农膜销售资格；若销售商超额完成任务就对其进行适当的经济奖励。

（3）在科技上重视替代农膜研究

替代农膜由于需要具备较强的可降解性，其对原料及农膜的生产技术等都有较高的要求，成本及技术的制约都有可能对替代农膜的生产和销售产生重要影响。由此，从生产和销售两方面着手，通过和其他农膜相比具有优先上市权、对替代农膜研发资金支持、原料免税、生产设备免税等优惠政策鼓励替代农膜生产。在销售上，确保其与传统农膜价格差异不大，并对替代农膜的销售实施价格补贴政策，通过补贴政策大力推广替代农膜。积极加强对替代农膜的宣传力度，鼓励更多的农户采用替代农膜，以降低传统农膜的使用量，降低农膜污染。替代农膜的原材料主要以天然纤维制品、玉米淀粉、回收废纸等可降解原料为主，替代了传统农膜中的石油烃类成分，政府应成立专门的资金加大对替代性农膜产品的研究、开发经费投入，确保替代农膜在具有传统农膜功能的同时还具有可降解功能，此外还要对在替代农膜的研发中有突出贡献的个人和集体从财政政策、税收政策等方面进行优惠和奖励[167]。

6.3.2 多中心治理下畜禽粪便的处理

由于循环利用水平低，农户为降低畜禽粪便污染控制成本常常通过随地排放、露天堆积等方式对畜禽粪便进行处理。由传统的农田有机肥投入主要来源到农村面源污染物，导致养殖业主不愿意对畜禽粪便进行无害化处理，养殖业中造成严重污染的畜禽粪便其实是一种放错地方的资源，而无害化处理又需要投入一定的成本，且具有很高的循环经济价值，导致粪便污染环境现象发生。针对以上主要问题，对农村面源污染畜禽粪便处理，可以从以下几个方面实施治理模式：

（1）对小型养殖场和散养户提供粪便无害化处理技术支持

由于小型养殖场和散养户数量多、分布较为分散、畜禽粪便日产量降低，统一收集集中处理的成本过高。政府应积极加强对小型养殖场和散养户提供粪便无害化处理技术支持，通过对农户开展免费的技术培训、提供免费的粪便干湿分离技术及相关设备、制定沼气池建设投资补助政策、提供沼气发酵技术及三格式无动力厌氧发酵技术等畜禽粪便集中无害化处理技术支持等，提高其畜禽粪便无害化处理的积极性和主动性。

（2）支持大中型畜禽生态养殖场及畜禽粪便无害化处理设施建设

国家及各地方政府应积极在农村地区鼓励养殖户参加养殖合作社、养殖协会等实现规模化养殖。在《畜禽养殖业污染排放标准》中规定蛋鸡存栏1.5万羽以上，生猪存栏500头以上，肉牛400头以上，奶牛200头以上，肉鸡3万羽以上的集约化养殖即为规模化养殖场。由于规模化养殖场具有畜禽粪便日排放量高、便于管理、易于集中特点，政府可以通过出资为养殖户购买建设用地，对畜禽粪便实行统一管理、集中收集、当日粪便当日无害化处理、资源性利用，降低对环境污染。政府还可以资助部分建设资金、低息或无息贷款、畜禽粪便无害化处理设备免税等途径支持地区大中型规模化生态养殖场建设。

（3）根据地域特点合理规划畜禽禁养区和生态养殖区

2001年颁布的《畜禽养殖污染防治管理办法》对畜禽养殖污染的防治做出了明确的规定。地方政府可在国家相关规定的基础上，结合当地生态条件、地理形势、畜禽养殖业发展特点等，合理规划当地养殖区、畜禽禁养区。限期将禁养区内的规模化养殖户通过养殖场建设征地优先选择权、再生产优惠贷款支持、畜禽粪便无害化设备免税、养殖场建设资金补偿等多种补偿途径转移到生态养殖区中，并在生态养殖区内对所有养殖户实行统一操作，统一管理。在遏制畜禽粪便对环境污染的同时，在源头上加强畜禽粪便污染的控制，加强畜禽粪便的无害化处理和循环再利用，提高资源的再利用率。国家明确禁止在风景名胜区、生活饮用水水源保护区、自然保护区的核心区及缓冲区建设"常年存栏量为500头以上的猪和3万羽以上的鸡畜禽"规模化养殖场，禁止城市和城镇中居民区、医疗区、文教科研区等人口集中地区，国家或地方法律、法规规定需特殊保护的区域等地进行建设，县级人民政府依法划定的禁养区域，并对厂房建设、畜禽废渣处理、生产过程、污染物排放等方面进行了明确的规定[168]。

（4）支持新型安全优质高效饲料研发

国家和各级地方政府应积极支持科研机构、个人或单位开发新型安全优质高效饲料来代替传统饲料。对做出突出贡献的单位或个人予以奖励，并在生产、销售等方面给予一定的优惠政策，以此来促进新型安全优质高效饲料的使用和推广。饲料利用率低下是中国规模化养殖场普遍存在的问题，也是导致中国畜禽粪便总磷、总氮含量偏高的主要原因。家畜、家禽可将饲料中33%的能量被用于呼吸消耗，16%~29%的能量转会为自身体质能，31%~49%的能量则随着粪便排出。因此，通过降低畜禽粪便总氮磷含量，提高饲料能量转化率，进而降低对环境污染是可行的。

（5）加强大中型畜禽养殖场污水排放的排污许可证管理

虽然农村面源污染从整体上看主要是大范围内弥散状或小点源排放污染物，在面源污染中相对来说，大中型畜禽养殖场污水及粪便排放相对集中和规律。因此建议国家对一些地区的大中型畜禽养殖场污水排放实施排污许可证管理试点。

中国工业污染的控制经验表明，对比较集中的污染源实施排污许可证管理能够有效地达到控制污染物总量的目的，也能够有效地降低污染物治理的管理成本。因此，对全国大中型畜禽养殖场实施推广、管理许可证方式，在试点基础上完善排污许可证管理，对养殖场的畜禽粪便进行总量控制，再加上对畜禽粪便的统一无害化处理，就可能有效地降低畜禽粪便带来的环境污染。

（6）奖优罚劣实行激励管理

政府相关部门根据养殖场周边环境对地区养殖业主实行面源污染控制锦标赛排序，这是介于环境税和随机惩罚制之间的中间途径。利用该锦标赛排序法可以避免在政府的相关政策优惠实施后遵守合同规定实施减污管理措施的养殖户与不遵守畜禽粪便无害化补偿合同的相关规定的养殖户受到同样的处罚而进行的一种有效的比赛排序方法。政府对养殖场规模和养殖场无害化粪便处理投入进行排序，若养殖户养殖场附近的污染物含量低于预期值，则对排名较为靠前的养殖户进行奖励；若养殖户养殖场附近的污染物含量高于预期值，则对排名较为靠后的一个或多个养殖户进行惩罚。虽然排放信息采集只是相对的，但在大的方面将地区环境改善质量与养殖户利益结合起来，并不能完全反映养殖场实际投入粪便无害化处理的努力程度，但对地区畜禽粪便污染控制在一段时期内仍是一种效果较好的监督机制。政府在补偿行为开始实施后要加强对地区地表水污染、地下水污染水平进行测定，定期监测地下水质、地表水质的污染物，得到污染物含量变化信息，并以此为依据对补偿措施进行改进和修正[169]。

（7）鼓励使用有机肥和发展循环经济

政府应积极制定相关的优惠措施，促进地区内有机肥生产厂的建设和循环经济的发展，在大中型畜禽养殖场附近建设有机肥生产厂和循环经济开发基地，并由政府牵头加强有机肥生产厂、循环经济开发基地与养殖场之间的合作。大中型养殖场日均粪便生产量高，可作为循环经济开发、规模型有机肥生产的原料。同时由于有机肥厂建设距离大中型养殖场距离较近有效地缓解了由于粪便运输导致的成本增加和沿途粪便污染等问题。此外，为进一步鼓励有机肥的发展和循环经济的发展，政府还可以出台多种形式的补偿措施，例如部分或全部报销畜禽粪便运输燃油费和人工运输成本、以政府名义为有机肥销售进行宣传、循环经济开发基地减免税、发动农技服务部推销有机肥代替化肥等，进一步促进畜禽粪便的无害化处理和循环再利用，提高资源利用率，控制畜禽粪便带来的面源污染[170]。

6.3.3 多中心治理下作物秸秆利用

作物秸秆在农村常常作为家庭燃料、大型牲畜的饲料，是一种重要的可再利用资源，但现在秸秆逐步成为农村环境的污染源，主要还是由于秸秆资源的利用方式存在问题，因此当前多中心治理下的农村秸秆污染控制就需要进一步完善秸秆资源的利用方式。具体治理和利用途径表现在下述几方面：

（1）加强地方秸秆饲料加工技术支持

目前常见的秸秆饲料加工技术有青储饲料机械化技术、直接粉碎饲喂技术、秸秆高效生化蛋白全价饲料技术、秸秆微生物发酵技术、秸秆氨化技术和秸秆热喷技术。政府应制定相关的政策措施加强对地方秸秆饲料加工的技术支持，通过提供优良牲畜品种、检疫保障、技术培训等措施鼓励粮食主产区发展大型牲畜养殖场，对秸秆资源进行加工成为牲畜的饲料，并实行过腹还田措施，进一步提高作物秸秆的能源转化效率。

（2）支持秸秆能源化利用途径开发

国家和地方政府应从政府层面支持秸秆能源化再利用方式的创新研究。秸秆中含有大量纤维和能量，可以作为替代农膜原料或食用菌基质予以利用，也可以作为轻工业原料用于纺织、造纸、建材等方面。对地区秸秆能源化设施建设提供一定的资金补助，对秸秆能源化利用研究、转化等提供财政和税收上的支持，全部或部分赞助其将新能源利用技术转化为现实生产力，并对做出突出贡献的企业、单位或个人予以经济奖励。

（3）加强秸秆还田技术推广和支持

目前中国已经形成了较为成熟的秸秆还田技术，主要有：利用秸秆生产饲料饲养牲畜，进行过腹还田；将秸秆进行高温发酵，进行秸秆堆沤还田；将秸秆粉碎直接还田；利用催腐剂将秸秆进行快速腐熟后还田等。国家、地方政府对农田，通过利用秸秆还田技术不仅实现了作物秸秆的多元化利用，提高了秸秆的能源化利用效率，特别是在粮食主产区提供秸秆还田技术支持，不仅对土壤资源加强了保护，降低了农田的水体流失量，还有效地降低了秸秆对环境的污染。

（4）提高作物秸秆向大型畜禽养殖场输出的能力

当地方条件不适宜发展大型畜禽养殖业时，将秸秆作为牲畜饲料输出，由政府或农民协会出面帮助联系外地大型牲畜养殖场。为支持作物秸秆输出，由秸秆所在地政府报销部分秸秆运输所需的劳力资本和燃油费[171]。

6.3.4 多中心治理下农村生活污水及垃圾处理

农村生活污水中最主要的污染物是氮磷，通过对含氮磷的生活污染物进行无害化处理就能有效地缓解农村水环境污染问题。主要治理途径包括：

（1）加强地方环保宣传工作，杜绝使用含磷洗衣粉

通过加强地方环保宣传，让众人皆知，农村生活污水中的磷是来自洗衣粉中的磷，提高农民对含磷洗衣粉危害环境认识程度，鼓励农户自觉主动地在生活中降低含磷洗衣粉等的使用量，限制含磷洗衣粉销售等工作，从而有效降低生活污水中磷含量，进而降低生活污水对环境的污染。

（2）家庭沼气池建设进行补贴

国家、地方政府以财政拨款的形式对家庭沼气池建设进行补贴，并提供一定的技术支持，加强对沼气池建设的培训和教育。鼓励和支持农村的沼气池建设，以户为单位，将人的粪便、生活污水、家庭散养畜禽粪便等干湿分离入沼气池发酵无害化处理，不仅能够增加生活能源，还能够利用沼渣培肥、沼液喂猪，在降低生活垃圾对环境造成的污染的同时也有效地提高了资源的利用效率，达到了事半功倍的效果。

（3）支持农村生活污水截污管道建设

地方财政拨款全额或部分支持人口密集地区特别是河网水域区，加强生活污水截污管道建设，通过管道对农村生活污水进行收集，并进行集中无害化处理，以使其达标后排放。由参与农户每月缴纳一定的污水处理费，在截污处理设备维护上，其余费用由当地财政保障以提高农户参与污水无害化处理工作积极性[172]。

农村生活垃圾量大、弥散且成分复杂。生活垃圾污染控制的重点是集中搜集和分类处理。具体治理途径如下：

（1）支持地方农村生活垃圾再开发利用

政府和当地环保部门应支持地区集中后的农村生活垃圾，提供一定的设备支持费等方式支持地区生活垃圾再利用开发，通过垃圾能源设备免税，减少生活垃圾对环境的污染。农村生活垃圾构成复杂，通过对农村生活垃圾统一收集、分类处理，将其中的废纸、废旧塑料、废旧金属等可回收部分回收再利用，剩余可燃烧部分燃烧发电输出能源，剩余部分生产堆肥，通过有针对性的处理方式提高资源再利用率。

（2）政府财政投入支持农村生活垃圾统一收集处理

当地政府和环保部门负责对农村生活垃圾进行统一收集、分类处理的日常成本支持，农民以户为单位每月象征性缴纳几元的垃圾处理费。通过农村环境改善，控制生活垃圾污染，提高农民参与生活垃圾统一收集、集中处理积极性。政府联合当地环保部门出面承担农村生活垃圾集中点转移运输成本、建设成本、分类处理成本及其中劳力投入成本等投入。

（3）建设农村生活垃圾统一收集、分类处理机制

政府应积极联合当地环保部门，建立健全农村生活垃圾统一收集和分类处理机制。要积极针对农村生活垃圾产量大、构成复杂等特点，制定相应的措施，提高农户的环保意识，规范农户的垃圾处理方式。通过规划农村垃圾集中点、集中分类、定期转移生活垃圾、区别对待等程序建立农村生活垃圾分类处理、集中收集机制。

（4）加大农村环境公德宣传，提高农户环境保护意识

在建立良好的生活垃圾收集–处理机制同时，通过广播电视教育、地方政府和环保部门应通过现场宣传、开办环境保护普及班等多种途径，要加大农村环境保护公德宣传，提高农户环境保护意识[173]。

6.4 黑龙江农村面源污染多中心治理的对策

在农业生产中体现以人为本的思想，不但为人们提供优质无公害的农产品，还要不断治理和优化农业生态环境和广大农民的生活条件。不断增加对农业和农村的投入，大力提高农民收入水平，尽快制定出台对农村地区的环境治理规划，把治理和优化农业农村环境纳入各级党委和政府的重点工作来抓，把农业面源污染纳入法制化轨道，通过采取得力措施，促进农业增效和农民增收，加快现代农业发展进程。确保在农业生产中使耕地不被污染，可持续利用，农村的生态环境，农民的生活条件得以不断改善，实现农村社会的全面进步[174]。

6.4.1 建立系统的农村环境管理体系

在科学制定农村环境规划的基础上，有计划、有步骤地建立一套完备的、功能齐全的农村环境管理体系，这主要包括，根据各地自然资源和经济条件，建立科学而恰当的粮食产能指标；在控制和治理农业面源污染上，要确保政府部门的一致性；在控制农田面源污染同时，还要注重乡镇污水排放，以及规模化畜禽养殖小区的污染物排放，各级政府应采取倾斜的财力支持政策。

6.4.2 强化技术推广体系建设

在全省范围内推广已被证明可降低农业面源污染的技术措施。包括：优化氮肥施用量；降低重碳酸氨肥的施用量；根据不同的土地类型确定耕作类型和肥料

（包括微量元素）的施用量；采用平衡施肥、深松和精确施肥，适当应用长效和缓释肥；改良施肥方法和施肥方式，鼓励使用有机肥，利用滴灌技术进一步提高水肥利用率；采用免耕等农田保护技术，减少土地侵蚀导致的磷酸盐和农药损失量；应用缓冲带和生态沟渠降低农田肥料流失[175]。与此同时，要积极开发农业面源污染的控制新技术，改进现有技术。积极发展绿色农业、生态农业和有机农业，在现有的生态县（市）进行农村面源污染控制政策实施的试点地区，开展非点源污染控制实施体系的研究和示范，重点开发适合农村及农田污染物控制的生态技术[176]。农业面源污染的产生原因和后果应在社会各界都引起广泛关注。目前很多人了解农药能产生污染，但是不清楚化肥同样能产生污染，应告知农民平衡正确的施用化肥、有机肥和农药能获得环境和经济两方面的目标，并给消费者提供安全放心的食品。

6.4.3 加强农业环境立法工作

建立健全农药、化肥管理相关的法律法规，以法律法规的形式鼓励农户广泛采用有机肥以及能够减少面源污染的化肥。不仅要以法律法规的方式明确制定化肥和有机肥的质量标准，限制有毒污染物及残留物含量；还要加强科学施肥，科学开展农业生产，建立优良的农业耕作体系，运用科学测量手段确定不同作物不同时期的农药、化肥的施用量、施用时间和施用方法。制定农村生产生活废弃物排放相关地规章制度，对城镇污水排放、畜禽养殖粪便排放制定明确的排放标准与处罚规定，从而实现对污水排放和畜禽粪便排放的有效控制。同时积极加强城镇生活垃圾处理相关的基础设施建设，促进对农村生活垃圾的统一收集和无害化处理，加快农业废弃物的资源化利用进程，组织相关领域专家从技术层面和经济层面研究农村有机废弃物的循环利用途径，制定具体的实施方案，地方政府确定相关方案后选择重点村镇进行试点，并逐步推广成功经验。加强农村的流域治理工作，地方政府应组织专人对农村生活污水、生活垃圾的排放等进行监督和管理，防治生活污水、垃圾等对区域内的地表径流、地下水等水环境造成污染。

6.4.4 发展绿色食品推进农牧结合

发展生态循环畜牧业，倡导应用循环经济理念，实现现代化农业的清洁生产和产业间协调发展。虽然黑龙江省耕地面积较大，但有机物还田严重不足，这包括粪肥的还田和秸秆的还田，应引导广大养殖户利用畜禽粪便加工有机肥料还田，利用粪肥做原料，大力实施沼气建设项目，为农业提供优质的沼渣、沼液有机肥，要充分利用黑龙江省得天独厚的农业生态资源优势，有机肥资源优质，加快绿色食品基地建设，这样做一方面可以促进农业资源的合理利用，提高耕地的产出率，另一方面又能减少农业的面源污染[177]。

6.4.5　强化政府的治理和投入力度

建议省里定期组织和抽调相关单位的工作人员和专家组成调研组，对全省农业面源污染情况，进行一次全面深入的调查研究；要组织相关部门尽快制定加强农业面源污染治理的相关政策法规；在适当时机，选择治理和优化农业自然资源搞得好的地方，进行示范；应在黑龙江省不同生态经济类型区，不同粮食作物主产区，通过现有解决农业面源污染先进适用技术的组装，成功经验消化吸收和嫁接，开展培植和建立治理农业面源污染方面的试点工作；针对当前农业面源污染存在的一系列问题，急需在提高化肥利用率、增加土壤有机质含量、改善土肥理化特性、机械作业、提高化学农药利用率、农业残膜回收处理、沼渣沼液综合利用等方面开展技术研究和技术开发工作。

参 考 文 献

[1] 金书秦，周芳，沈贵银．农业发展与面源污染治理双重目标下的化肥减量路径探析．环境保护，2015，43（8）：50-53.

[2] 卢周来．农村治污已迫在眉睫．商周刊，2015，（6）：36.

[3] 农业部新闻办公室．农业部：打好农业面源污染防治攻坚战．乡村科技，2015，（4）：5.

[4] Dennis L C, Peter J V, Keith L. Modeling non-point source pollution in vadose zone with GIS. Environmental Science and Technology, 1997, (8)：2157-2175.

[5] 宋家永，李英涛，宋宇，等．农业面源污染的研究进展．中国农学通报，2010，（11）：362-365.

[6] Casron R. Silent Spring. Bosotn Mass：Houghton Miffiln Company，1962.

[7] Griffin R C, and Bromley D W. A gricultural runoffas a nonpoint externality：A theoretical development. American Journal of Agricultural Eco-nomics, 1982, 64（3）：547-552.

[8] Shortle J S, Dunn J W. The relative efficiency of agricultural source water pollution control policies. American Journal of Agricultural Economics, 1986, 64（3）：668-677.

[9] 李丽．美国防治农业面源污染的法律政策工具．理论与改革，2015，（3）：160-163.

[10] 张维理，冀宏杰，Kolble H，等．中国农业面源污染形式估计及控制对策Ⅱ：欧美国家农业面源污染状况及控制．中国农业科学，2004，37（7）：1018-1025.

[11] 林雪梅．德国农业法律政策的特点、经验及启示．社会科学战线，2012，（12）：232-234.

[12] 金京淑．日本推行农业环境政策的措施及启示．现代日本经济，2010，173（5）：60-64.

[13] 罗守进，吕凯，陈磊，等．农业面源污染管控的国外经验．世界农业，2015，（6）：6-11.

[14] Ruhl J B. Agriculture and ecosystem services：Paying farmers to do the new right thing, food, agriculture and environmental law. West Academic, 2013.

[15] Meyer-Aurich A, Matthes U, Osinski E. Integrating sustainability in agriculture-trade-offs and economic consequences demonstrated with a farm model in Bavaria.//American Agricultural E-conomists Association Annual Meeting, Chicago, Illinois, 2001.

[16] Tittonell P, Shepherd K D, Vanlauwe B, et al. Giller , Unravelling the effects of soil and crop management on maize productivity in smallholder agricultural systems of western Kenya—An application of classification and regression tree analysis, Agriculture, Ecosystems & Environment, 2008. 123（1-3）：137-150.

[17] Anderson W K. Combining productivity and sustainability：a challenge for the new millennium. Options Mediterraneennes. Serie A, Seminaires Mediterraneens, 2000, (40)：535-541.

[18] Moya P, Hong L, Dawe D, et al. The impact of on-farm water saving irrigation techniques on rice productivity and profitability in Zhanghe Irrigation System, Hubei, China. Paddy Water Environ, 2004, (2)：207-2015.

[19] Griepentrog H W, Kyhn M. Strategies for site specific fertilization in a highly productive

agricultural region. 5th International Conference on Precision Agriculture, Minneapolis, USA, July 2000.

[20] Raju R A. Sustainability of productivity in rice (Oryza sativa) -rice sequential cropping system through integrated nutrient management in coastal ecosystem. Indian journal of agronomy, 2000, 45 (3): 447-452.

[21] Fageria N K, Nutrient management for improving upland rice productivity and sustainability, Communications in soil science and plant analysis , 2001. 32 (15-16): 2603-2629.

[22] Walker A P, van Noordwijk M, Cadisch G. Modelling of planted legume fallows in Western Kenya. (II) Productivity and sustainability of simulated management strategies. Agroforest Syst, 2008, 74: 143-154.

[23] Malley Z J U, Taeb M, Matsumoto T. Agricultural productivity and environmental insecurity in the Usangu plain, Tanzania: policy implications for sustainability of agriculture. Environ Dev Sustain, 2009, (11): 175-195.

[24] Turrent-Fernandez A. Science and technology in Mexican agriculture: I. Food production and sustainability, Terra , 2005, 23 (2): 265-272.

[25] Mohammed H, Yohannes F, Zeleke G. Validation of agricultural non-point source (A GNPS) pollution model in kori watershed, South Wollo, Ethiopia. International Journal of Applied Earth Observation and Geoinformation, 2004, 6 (2): 97-109.

[26] Akhavan S, Koupai J A, Mousavi S F, et al. Application of SWAT model to investigate nitrate leaching in Hamadan-Bahar Watershed, Iran. Agriculture, Ecosystems and Environment, 2010, 139 (4): 675-688.

[27] Lam Q D, Schmal Z B, Fohrer N. Modeling point and diffuse cource pollution of nitrate in a rural lowland catchment using the SWAT model. Agriculture Water Management, 2010, 97 (2): 317-325.

[28] Griffin R C, Bromley D W. Agricultural Runoff as a Nonpoint Externality: A Theoretical Development. American Journal of Agricultural Economics, 1983, (70) : 37-49.

[29] Shen Z Y, Liao Q, Hong Q, et al. An overview of research on agricultural non-point source pollution modelling in China. Separation and Purification Technology, 2012, 84: 104-111.

[30] Sun B, Zhang L X, Yang L Z, et al. Agricultural non-point source pollution in China: Causes and mitigation measures. Ambio, 2012, 41 (4): 370-379.

[31] 江永红, 马中. 农民经济行为与环境问题研究. 中州学刊, 2008, (03): 114-117.

[32] 汪厚安, 叶慧, 王雅鹏. 农业面源污染与农户经营行为研究. 生态经济, 2009, (09): 87-91.

[33] 周早弘. 农户经营行为对农业面源污染的影响因素分析. 湖南农业科学, 2011, (9): 79-81, 85.

[34] 韩红云, 杨增旭. 农户农业面源污染治理政策接受意愿的实证分析——以陕西眉县为例. 中国农村经济, 2010, (1): 45-52.

[35] 饶静, 许翔宇, 纪晓婷, 等. 中国农业面源污染现状、发生机制和对策研究. 农业经济问题, 2011, (8): 81-87.

[36] 侯俊东，吕军，尹伟峰. 农户经营行为对农村生态环境影响研究. 中国人口资源与环境，2012，22（3）：26-31.

[37] 李传桐，张广现. 农业面源污染背后的农户行为——基于山东省昌乐县调查数据的面板分析. 地域研究与开发，2013，32（1）：143-146，164.

[38] 丁银河. 丹江口库区农村面源污染农户参与治理探析. 湖北社会科学，2013，（5）：70-74.

[39] 陈丽华. 论农村生态污染与村民的环境权意识——对广东省部分农村的调查报告. 湖南大学学报（社会科学版），2014，28（5）：147-153.

[40] 华春林，陆迁，姜雅莉. 引导农户施用行为在农业面源污染治理中的影响——基于中英项目调查分析. 科技管理研究，2015，（14）：226-230.

[41] 梁增芳，肖新成，倪九派. 农业面源污染认知与调控意愿关系的实证分析——以三峡库区南沱镇为例. 西南大学学报（自然科学版），2015，37（3）：125-131.

[42] 李金龙，游高端. 地方政府环境治理能力提升的路径依赖与创新. 求实，2009，（03）：56-59.

[43] 陈红. 地方政府联动治理农业面源污染的行为分析. 东北农业大学学报（社会科学版），2010，（04）：22-26.

[44] 饶静，纪晓婷. 微观视角下的中国农业面源污染治理困境分析. 农业技术经济，2011，（12）：11-16.

[45] 魏欣. 中国农业面源污染管控研究. 西北农林科技大学博士学位论文，2014.

[46] 梁增芳，肖新成，倪九派. 三峡库区农户对农业面源污染治理的态度与政策响应——基于重庆是涪陵区南沱镇农户的调查问卷. 农村经济，2014，（7）：92-97.

[47] 杨丽霞. 农村面源污染治理中政府监管与农户环保行为的博弈分析. 生态经济，2014，30（5）：127-130.

[48] 黄英，周智，黄娟. 基于DEA的区域农村生态环境治理效率比较分析. 干旱区资源与环境，2015，29（3）：75-80.

[49] 杨珂玲，张宏志. 基于产业结构调整视角的农业面源污染控制政策研究. 生态经济，2015，31（3）：89-92.

[50] 向涛，綦勇. 粮食安全与农业面源污染——以农地禀赋对化肥投入强度的影响为例. 财经研究，2015，41（7）：132-144.

[51] 薛黎倩. 农业面源污染治理中农户与地方政府行为博弈分析. 台湾农业探索，2015，（3）：30-34.

[52] 李一花，李曼丽. 农业面源污染控制的财政政策研究. 财贸经济，2009，（09）：89-94.

[53] 周早弘，张敏新. 农业面源污染的外部经济性及其对策研究. 江西农业学报，2009，19（11）：86-88.

[54] 贾雪莉，李金才. 农业面源污染控制的制度选择分析. 生态经济，2010，（6）：164-167.

[55] 葛继红，周曙东. 农业面源污染的经济影响因素分析——基于1978-2009年的江苏省数据. 中国农村经济，2011，（5）：72-81.

[56] 黄滔. 以合同环境服务创新推动农村畜禽养殖面源污染治理. 观察思考，2015，41（21）：46-47.

[57] 胡红安，李海霞．西部环境保护：中央与地方的博弈分析．贵州社会科学，2008，228（12）：49-53．

[58] 陈利顶，马岩．农户经营行为及其对生态环境的影响．生态环境，2007，16（2）：691-687．

[59] 范例，刘德绍，陈万志．环境保护利益博弈分析与实证．四川环境，2007，26（5）：114-118．

[60] 方福前．福利经济学．北京：人民出版社，1994．

[61] 冯孝杰．三峡库区农村面源污染环境经济分析．重庆：西南大学博士学位论文，2005．

[62] 樊娟，刘春光，石静，等．非点源污染研究进展及趋势分析．农村环境科学学报，2008，（27）：1306-1311．

[63] 丁恩俊，谢德体．国内外农业面源污染研究综述．中国农学通报，2008，（11）：180-185．

[64] 于维坤，尹炜等．面源污染模型研究进展．人民长江，2008，（12）：83-87．

[65] 杨伟利．农村遭遇面源污染危机．绿色经济，2007，（8）：43-45．

[66] 何忠伟．现代农村技术的经济分析．北京：中国农村出版社，2005．

[67] 胡梅．根据"源—流—汇"逐级控制理念治理农村非点源污染．天津科技，2007，（6）：86-90．

[68] 贾生华，陈宏辉．基于利益相关者共同参与的战略性环境管理．科学学研究，2002，20（2）：209-213．

[69] 陈红，马国勇．农村面源污染治理的政府选择．求是学刊，2007，34（2）：56-62．

[70] 金可礼，陈俊，龚利民．最佳管理措施及其在非点源污染控制中的应用．水资源与水工程学报，2007，18（1）：37-40．

[71] 牛瑞芹，何荣．浅谈农村面源污染的现状及其治理措施．安徽农业科学，2007，35（33）：10814-10815，10817．

[72] 金永文．新农村建设中存在的环境问题与对策．甘肃农村，2007，253（8）：39-40．

[73] 李海鹏．中国农村面源污染的经济分析与政策研究．华中农业大学博士学位论文，2007．

[74] Tomasi T., Segerson, K. and Braden J., Issues in the design of incentive schemes for nonpoint source pollution control. In: Dosi, C. and Tomasi T. (eds) Nonpoint Source Pollution Regulation: Issue and Analysis. Kluwer Academic Publishers, Dordrecht, The Netherlands. 1994.

[75] 李季，靳乐山，崔玉亭，等．南方水田农用化学品投入水平及分析．农村环境保护，2001，20（5）：333-336．

[76] 李周．生态经济理论与实践进展．林业经济，2008，（8）：10-16．

[77] 关明文．农业经济可持续发展问题分析．农业经济，2013，（2）：70-71．

[78] 李周，包晓斌．中国环境库兹涅茨曲线的估计．科技导报，2002，（4）：57-59．

[79] 连纲，郭旭东，傅伯杰，等．基于参与性调查的农户对退耕政策及生态环境的认知与响应．生态学报，2005，25（7）：1741-1747．

[80] 曲富国，孙宇飞．基于政府间博弈的流域生态补偿机制研究．中国人口·资源与环境，2014，24（11）：83-88．

[81] 欧阳志云，郑华，岳平．建立我国生态补偿机制的思路与措施．生态学报，2013，

33（2）：686-692.

[82] 郭晓鸣，廖祖君，张鸣鸣. 现代农业循环经济发展的基本态势及对策建议. 农业经济问题，2011，（12）：10-14.

[83] 蔺丰奇. 农村可持续发展问题研究. 北京：中国市场出版社，2006.

[84] 刘蝉娟. 日本环保型持续农村技术的推广现状. 世界农村，1997，（3）：48-49.

[85] 郑学敏，付立新. 农业循环经济发展研究. 经济问题，2010，（3）：16-20.

[86] 聂国卿. 中国转型时期环境治理的经济学分析. 北京：中国经济出版社，2006.

[87] 肖萍，朱国华. 农村面源污染治理契约体系. 江苏农业科学，2015，43（12）：419-422.

[88] 刘平，程炯，刘晓南，等. 广州流溪河流域典型农村集水区降雨径流污染物输出特征分析. 生态与农村环境学报，2008，24（1）：92-95.

[89] 刘小真. 鄱阳湖流域底质重金属及杀虫剂类 POPs 垂直污染分布特征. 南昌：南昌大学博士学位论文，2008.

[90] 杨丽霞. 农村面源污染治理中政府监管与农户环保行为的博弈. 生态经济，2014，30（5）：127-130.

[91] 侯博，阳检，吴林海. 农药残留对农产品安全的影响及农户对农药残留的认知与影响因素的文献综述. 安徽农业科学，2010，38（4）：2098-2101，2129.

[92] 鲁礼新，马昌河，鲁奇. 水城县沙坡村农户经济行为调查研究. 地理研究，2004，23（2）：218-226.

[93] 国家环境保护总局自然生态保护司. 全国规模化畜禽养殖业污染情况调查及防治对策. 北京：中国环境科学出版社，2002.

[94] 苏玉萍，郑达贤，林婉贞. 福建省畜禽污染分析与防治对策. 福建地理，2004，19（3）：1-4.

[95] 辛总秀. 减轻畜禽粪便对环境污染的现状及技术探索. 青海畜牧兽医杂志，2004，（4）：35-37.

[96] 田宜水. 中国规模化养殖场畜禽粪便资源沼气生产潜力评价. 农业工程学报，2012，28（8）：230-234.

[97] 郭冬生，彭小兰，龚群辉，等. 畜禽粪便污染与治理利用方法研究进展. 浙江农业学报，2012，24（6）：1164-1170.

[98] 周律，李秉浩，李佳磷. 韩国农村排水系统的建设及对中国新农村水污染控制的启示. 中国农业科技导报，2008，10（4）：42-47.

[99] 严岩，孙宇飞，董正举，等. 美国农村污水管理经验及对中国的启示. 环境保护，2008，（15）：65-67.

[100] 白晓龙，顾卫兵，沃飞，等. 农村生活污水处理技术与展望. 环境整治，2008，（6）：59-62.

[101] 姚伟，曲晓光，李洪兴，等. 中国农村垃圾产生量及垃圾收集处理现状. 环境与健康杂志，2009，26（1）：10-12.

[102] 马忠玉，王颖芬. 持续农村概念、特性、研究对象与解决的问题. 生态农村研究，1997，5（2）：67-71.

[103] 孟雪靖. 农村生态环境非点源污染的经济学分析. 黑龙江社会科学，2007，（1）：

61-65.

[104] 邓瑞芳，邓素芳. 论农村地区的经济发展和生态环境保护的关系. 中国人口·资源与
环境，2014，24，（3）：264-266.

[105] 宁书臣，庞俊杰. 农村环境污染控制统建设不可忽视. 农机科技推广，2004，（9）：
11-12.

[106] 欧阳进良，宇振荣，张凤荣. 基于生态经济分区的土壤质量及其变化与农户行为分析.
生态学报，2003，23（6）：1147-1155.

[107] 邱君. 中国农业污染治理的政策分析. 中国农业科学院博士学位论文，2007.

[108] 陈岩. 美国的生态税收政策及其对我国的启示. 生产力研究，2007，（8）：77-78.

[109] 谭绮球，苏柱华，郑业鲁. 国外治理农村面源污染的成功经验及对广东的启示. 广东
农村科学，2008，（4）：67-71.

[110] 谭淑豪. 基于制度经济学视角的对农户经济行为研究. 农村经济，2004，（6）：12-18.

[111] 张慧，陶小马. 丹麦农村新能源建设及其对我国的启示. 上海农业学报，2016，
32（1）：100-105.

[112] 张铁亮，高尚宾，周莉. 德国农业环境保护特点与启示. 环境保护，2012，（5）：
76-79.

[113] 万洪富. 中国区域农村环境问题及其综合治理. 北京：中国环境科学出版社，2005.

[114] 关阳. 美国排污权交易制度的最新实践与启示——基于美国清洁空气跨州法则（CAIR）
的实践. 环境与可持续发展，2013，（6）：116-119.

[115] 张维理，徐爱国，冀宏杰，等. 中国农村面源污染形势估计及控制对策 III：中国农村
面源污染控制中存在的问题分析. 中国农村科学，2004，37（7）：1026-1033.

[116] 邬雁忠. 单买可再生能源应用综述. 华东电力，2008，36（8）：96-97.

[117] 苏杨. 警惕农村现代化进程中的环境污染. 聚焦新农村建设，2006，（5）：19-21.

[118] 朱强，孟佳. 论农业面源污染防治管理制度的完善——从政府角色的定位切入. 江西
农业学报，2013，25（7）：138-142.

[119] Panayotou T. Demystifying the Environmental Kuznets Curve：Turning a Black Box into a Policy
Tool. Environment and Development Economics，1997（2）：465-484.

[120] 陈素云，吴一平，陈文相，等. 循环农业运行中政府行为研究——基于政府、企业和
农户的三方博弈分析. 江西农业学报，2012，24（10）：149-152.

[121] 向平安. 氮肥面源污染控制的绿税激励措施探讨. 中国农村科学，2007，（2）：92-96.

[122] 焦玮. 中国农村环境可持续发展的博弈分析. 经济视角，2011，（35）：169-171.

[123] 徐中明，张志强，程国栋. 生态经济学理论方法与应用. 郑州：黄河水利出版
社，2003.

[124] 何敦春，张福山，欧阳迪莎，等. 植保技术与食品安全中政府与农户行为的博弈分析.
中国农业科技导报，2006，8（6）：71-75.

[125] 刘英基. 农业生态环境保护中的三方博弈及对策研究——基于粮食安全视角的分析.
湖北农业科学，2012，51（14）：3110-3113.

[126] 朱兆良，David Norse［英］，孙波. 中国农村面源污染控制对策. 北京：中国环境科学
出版社，2006，12.

[127] 张蔚文. 农村非点源污染控制与管理政策研究. 浙江大学博士学位论文, 2006.

[128] 赖庭汉, 吴戊镇, 房陈钰, 等. 多中心治理视阈下的农村生活垃圾处理的实践探索——基于广东 100 条自然村的一线调查. 广东技术师范学院学报（社会科学）. 2015, (9): 121-131.

[129] 王旭玲. 作为一种公共产品的社会公平: 政府规制及其选择. 当代经济探讨, 2006, (12): 25-28.

[130] 郝飞麟, 沈明卫. 农村乡镇企业发展中环境污染的成因分析与对策. 农机化研究, 2007, (3): 168-170.

[131] 洪燕婷, 仇蕾. 基于多中心合作的农业面源污染治理模式构建. 山东农业科学, 2015, 47 (5): 145-149.

[132] 林瀚. "威权治理支持性参与模式"的构想——关于亨廷顿政治参与理论的反思. 广东社会科学, 2015 (4): 75-79.

[133] 李洁. 农田面源污染团队式治理方法初探. 环境科学与技术, 2008, 31 (7): 12-15.

[134] 孙新章, 谢高地, 张其仔, 等. 中国生态补偿的实践及其政策取向. 资源科学, 2006, 28 (4): 25-30.

[135] Shang J, Yang L. Research on the Innovation in the Rural Ecological Environment Management Based on Ecological Compensation. 2009.

[136] 江世竹. 关于农村环境监督管理的几点思考. 城市建设, 2010, (16): 102-103.

[137] 朱猛. 完善我国农村环境治理机制研究. 重庆大学硕士学位论文, 2010.

[138] 王阳, 漆雁斌. 农村环境治理的现实困境与机制创新——基于委托代理的博弈分析. 四川农业大学学报, 2012, 30 (4): 473-477.

[139] 陈宁. 试论农村环境保护中公众参与现状与提升策略. 社会工作, 2012, (12): 92-94.

[140] 赵明勤, 靳辉. 以沼气为纽带的庭院生态农业模式——以南充市生态农业模式为例. 技术与市场, 2011, 18 (10): 175, 177.

[141] 李璠. 建设生态农村需要提高农村居民生态消费力. 湖南社会科学, 2014, (1): 137-140.

[142] 周应恒. 现代食品安全与管理. 北京: 经济管理出版社, 2008.

[143] 周早弘, 张敏新. 农村面源污染系统控制研究. 科技与经济, 2007, 20 (16): 48-51.

[144] 王一超, 赵贵慎. 利用生命周期评价法评估高产良田的面源污染潜在风险. 生态与农村环境学报, 2015, 31 (2): 256-261.

[145] 丁克奎, 钟凯文. 基于"3S"的精准农业管理系统设计与实现. 江苏农业科学, 2015, 43 (1): 399-401.

[146] 陈诗波, 唐文豪, 王甲云. 以农业产业技术需求为导向推进基层农技推广体系改革——基于河北省迁安市的实证调研. 中国科技论坛, 2014, (12): 109-113.

[147] 米长虹, 姜昆, 张泽. 规模化畜禽养殖场环境影响评价问题探讨. 农业环境与发展, 2012, (6): 67-71.

[148] 周早弘, 张敏新. 农村面源污染的外部经济性及其对策研究. 江西农村学报, 2007, 19 (11): 86-88.

[149] 刘宏波, 刘任. 新农村建设进程中的农村生态环境保护问题探讨. 农业经济, 2014,

（1）：37-39.

[150] 李哲敏，刘磊，刘宏. 保障我国农产品质量安全面临的挑战及对策研究. 中国科技论坛，2012，（10）：132-137.

[151] 马彦，杨虎德. 甘肃省农田地膜污染及防控措施调查. 生态与农村环境学报，2015，31（4）：478-483.

[152] 吴绒，白世贞，吴雪艳. 农产品绿色供应链协同演化机理研究. 科技管理研究，2016，（3）：235-239.

[153] 张力，徐志金，滕志坤. 松花江流域面源污染特征与防治对策. 环境科学与管理，2008，33（7）：55-56，61.

[154] 胡凡，朴英，王洪武，等. 黑龙江省长残留除草剂应用及残留药害情况调查. 黑龙江农业科学，2014，（6）：50-56.

[155] 魏民，肖迪，庄磊，等. 黑龙江省农药使用情况与绿色农业发展. 农药科学与管理，2014，35（9）：5-7.

[156] 康健. 浅谈畜禽养殖对环境的污染. 新农村（黑龙江），2015，（10）：87.

[157] 唐妍. 农村环境保护存在的问题及措施探讨. 新农村（黑龙江），2015，（11）：58.

[158] 周苏娅. 我国农村可持续发展的制约因素、动力机制及路径选择. 学术交流，2015，（4）：145-149.

[159] 王琦. 我国农业循环经济的困境与出路——基于利益相关者视角. 安徽农业科学，2015，43（19）：315-317.

[160] 赵本涛. 中国农村面源污染的严重性与对策探讨. 环境教育，2004，（11）：70-71.

[161] 侯彦林，郑宏艳，刘书田，等. 粮食产量预测理论、方法与应用Ⅰ：科技进步增产理论、模型及其应用. 农业资源与环境学报，2014，31（3）：205-211.

[162] 魏国. 农业合作社与社会主义新农村建设. 管理观察，2009，（16）：21-23.

[163] 贾伟，李宇虹，陈清，等. 京郊畜禽肥资源现状及其替代化肥潜力分析. 农业工程学报，2014，30（8）：156-157.

[164] 向平安，周燕，黄璜，等. 化肥非点源污染控制的绿税措施模拟研究. 湖南农业大学学报（自然科学版），2007，33（3）：328-332.

[165] 章明奎，李建国，边卓平. 农村非点源污染控制的最佳管理实践. 浙江农村学报，2005，（5）：244-250.

[166] 李太平，蔡怡静，聂文静. 农药税对减少农药使用量的影响——基于山东省玉米种植的研究. 广东农业科学，2015，（3）：183-185，192.

[167] 李学凯，吕廷波，种法政，等. 可降解地膜的降解性研究. 安徽农业科学，2015，43（11）：48-49.

[168] 蒋松竹，蔡琼，李美娣，等. 畜禽养殖污染防治的法律体系现状及思考. 环境污染与防治，2013，35（10）：93-98.

[169] 吴根义，廖新俤，贺德春，等. 我国畜禽养殖污染防治现状及对策. 农业环境科学学报，2014，33（7）：1261-1264.

[170] 张宏艳. 发达国家应对农村面源污染的经济管理措施. 世界农村，2006b，325（5）：38-40.

［171］张维理，黄宏杰，Kolbe H. 等．中国农村面源污染形势估计及控制对策（Ⅱ）．中国农村科学，2004a，（7）：1018-1025.

［172］徐志荣，叶红玉，单明，等．浙江省农村生活污水处理现状及其对策．生态与农村环境学报，2015，31（4）：473-477.

［173］燕畅，马涛，栾敬东，等．安徽省农户环境保护意识现状分析．山西农业大学学报（社会科学版），2013，12（5）：453-456.

［174］郝德利，侯小军，董宝生．基于多中心治理理论的农村环境污染防治对策．环境科学与管理，2013，38（2）：14-17.

［175］廖媛红．农业技术应用效果及其影响因素分析——以北京地区为例．软科学，2014，28（6）：140-144.

［176］尚杰，等．基于要素禀赋与政府规制的区域环保产业竞争力研究．北京：科学出版社，2014.

［177］张志华，余汉新，李显军，等．我国绿色食品产业发展战略研究．中国农业资源与区划，2015，36（3）：35-38.

附　　录

附录 I　农村面源污染传统治理模式——
政府单一治理的绩效的调查问卷
（层次分析法打分问卷）

尊敬的专家同志：

您好！

真诚地感谢您参与此项活动。本次调查的目的是了解农村面源污染传统治理模式——政府单一治理的绩效的各个指标之间的重要关系，为研究建立其综合评价模型提供数据支持。

请在一下表格中填写数字 1 到 9，其中数字 1 到 9 分别表示如下：

表 1

a_{ij}	两目标相比
1	同样重要
3	稍微重要
5	明显重要
7	重要的多
9	极端重要
2，4，6，8	介于以上相邻两种情况之间
以上各数的倒数	两个目标反过来比较

请把数字填到以下表格中：

说明：表格的对角线的数字固定为 1，对角线右上方的数字和左下方的数字互为倒数，因此您只需填对角线右上方的或者对角线左下方的数据即可。例如：如果您认为 B1 和 B2 同样重要，就可以在表 1 的第 2 行，第 3 列填数字 1即可。

表2

U	U_1	U_2	U_3
U_1	1		
U_2		1	
U_3			1

表3

U_1	U_{11}	U_{12}	U_{13}	U_{14}
U_{11}	1			
U_{12}		1		
U_{13}			1	
U_{14}				1

表4

U_2	U_{21}	U_{22}	U_{23}
U_{21}	1		
U_{22}		1	
U_{23}			1

表5

U_3	U_{31}	U_{32}	U_{33}
U_{31}	1		
U_{32}		1	
U_{33}			1

通过对邀请的50位专家的打分结果整理之后，得出判断矩阵表：

表6

U	U_1	U_2	U_3
U_1	1	3	5
U_2	0.33	1	2
U_3	0.2	0.5	1

表7

U_1	U_{11}	U_{12}	U_{13}	U_{14}
U_{11}	1	1.278	2.807	1.246
U_{12}	1/1.278	1	1.778	0.763
U_{13}	1/2.807	1/1.778	1	0.336
U_{14}	1/1.246	1/0.763	1/0.336	1

表 8

U_2	U_{21}	U_{22}	U_{23}
U_{21}	1	0.571	0.374
U_{22}	1/0.571	1	0.492
U_{23}	1/0.374	1/0.492	1

表 9

U_3	U_{31}	U_{32}	U_{33}
U_{31}	1	1.990	1.452
U_{32}	1/1.990	1	1
U_{33}	1/1.452	1	1

附录 II　各层指标权重计算结果表

表 1

U	U_1	U_2	U_3	权重
U_1	1	3	5	0.648
U_2	0.33	1	2	0.229
U_3	0.2	0.5	1	0.122
一致性指标	CR=0.008（CR<0.1，符合一致性要求）			

表 2

U_1	U_{11}	U_{12}	U_{13}	U_{14}	权重
U_{11}	1	1.278	2.807	1.246	0.338
U_{12}	1/1.278	1	1.778	0.763	0.236
U_{13}	1/2.807	1/1.778	1	0.336	0.118
U_{14}	1/1.246	1/0.763	1/0.336	1	0.309
一致性指标	CR=0.006（CR<0.1，符合一致性要求）				

表 3

U_2	U_{21}	U_{22}	U_{23}	权重
U_{21}	1	0.571	0.374	0.181
U_{22}	1/0.571	1	0.492	0.288
U_{23}	1/0.374	1/0.492	1	0.532
一致性指标	CR=0.008（CR<0.1，符合一致性要求）			

表4

U_3	U_{31}	U_{32}	U_{33}	权重
U_{31}	1	1.990	1.452	0.459
U_{32}	1/1.990	1	1	0.256
U_{33}	1/1.452	1	1	0.285
一致性指标	CR=0.009（CR<0.1，符合一致性要求）			

附录Ⅲ 模糊综合评价专家评分表

尊敬的专家同志：

您好！

真诚地感谢您参与此项活动。本次调查的目的是了解农村面源污染传统治理模式——政府单一治理的绩效的各个指标之间的重要关系，为研究建立村面源污染传统治理模式——政府单一治理的绩效评价模型提供数据支持。

您可以在每个指标因素后面一行后面的级别下面划"√"，每行只能选择一个级别。

表1

指标因素	级别				
	好	较好	一般	较差	差
U_{11}					
U_{12}					
U_{13}					
U_{14}					
U_{21}					
U_{22}					
U_{23}					
U_{31}					
U_{32}					
U_{33}					